好奇號帶你上火星

從起源號到好奇號

漫遊車太空探索記

羅傑．溫斯 Roger Wiens

蔡承志譯

Red Rover:

inside the story of robotic space exploration, from Genesis to the Mars Rover Curiosity

好奇號小檔案

☆尺寸：長三公尺、寬二．七公尺、高二．一公尺，大小近似吉普車

☆重量：九百公斤

☆配備：十種儀器

☆經費：二十五億美元

☆時速：每小時一百五十公尺

☆零組件：

⊙機械臂：可延伸二．二公尺

⊙機輪：共六組，各直徑五十公分，都有驅動馬達

☆動力：放射性同位素熱電式發電機

天文小百科

・**大氣層**（barosphere）：包圍在地球外面的氣體，分為平流層、電離層、對流層。

・**太陽日**（solar day）：古羅馬定為休息日，是今日的星期日，古中國與日本、韓國稱為日曜日。

・**太陽風**（solar wind）：一種連續存在來自太陽，並以每秒二百到八百公里速度運動的高速帶電粒子流。

・**太陽黑子**（**sunspot**）：是光球層現象，由中央部份黑暗的本影與圍繞四周不暗的半影組成，溫度超過四千度。

・**水冰**（**water ice**）：水在低溫下凝固的冰。在水星與月球北極都發現水冰。

・**光子**（photon）：愛因斯坦於一九〇五至一七年提出，他認為光本身是量子化，這種光量子稱為光子。依據粒子物理的模型，光子是電場與磁場產生的原因。

・**防熱盾**（**heat shield**）：為保護太空船返回大氣時因空氣阻力而迅速加熱，其材質能抵抗數千度高溫、迅速散熱，導熱低能保護太空人與設備。

・**拉格朗日點**（**Lagrangian point**）：指在兩大物體引力作用下能讓小物體穩定的點，法國數學家拉格朗日於一七七二年推算出。

・**星體追蹤儀**（**star tracker**）：裝置於飛彈或是飛行物體上的儀器，能夠鎖定某個天體作為導引。

・**柵極**（**grid**）：類似經過美化的紗窗材料，通上高壓電就會像透鏡一般引導離子向標靶射去。

・**郝曼轉移軌道**（**Hohmann transfer orbit**）：德國物理學家郝曼於一九二五年提出，指太空動力學變換太空船軌道的方法，航途中只需二次發動機推進，能夠節省燃料。

・**彗星**（comet）：是圍繞太陽運行的星體，古代稱妖星，因其後拖一條宛如掃帚的光芒，又稱掃帚星，由氣體、塵埃、石塊組成，體積大、密度小，運行軌道呈拋物線、雙曲線或扁橢圓形。

・**深太空**（**deep-space**）：指距離地球二百萬公里以外的太空。

・**發射窗口**（launch window）：指火箭或太空梭最適宜發射的時間，也就是發射時間必須控制在目標物軌道通過發射點之時，發射物就能在同軌道飛行。

・**超新星**（supernova）：是恆星演化末期經歷的劇烈爆炸，其電磁輻射能照亮全部星系，並維持幾週或幾月。

・**黃道**（ecliptic）：指地球繞太陽公轉軌道，天球和平面相交的大圓，與赤道相交於春分點及秋分點，從地球觀看則是太陽於天空中由西向東移動的路線。

・**隕石**（asiderite）：流星受地球引力吸引而進入大氣層，因摩擦生熱而燃燒鬆軟物質墜於地面的堅硬殘留物，含有矽和鐵兩種元素。

・**微隕石**（micrometeorite）：直徑小於一毫米的物質，包括原始微隕石與消融型宇宙塵，前者有碰撞破裂的細屑，後者則分布於深海沉積物。

・**酬載**（payload）：是指太空飛行體中除了運行所需的必要儀器，仍有空間搭載的儀器設備，人造衛星的酬載便是做科學實驗的儀器。

・**磁圈**（**magnetosphere**）：以天體磁場為主的地區，包括地球、木星與土星都有磁圈，火星則是局部磁場，不能形成磁圈。

・**磁場**（**magnetic field**）：對於磁性物質具作用力或磁力線分布的空間，也指電流之間相互作用或傳遞電荷的範圍。

好奇號帶你上火星

第II篇：前進火星

緒論

二〇一一年十一月二十六日是好奇號（Curiosity）漫遊車預定發射上火星的日子，這一天我們企盼了十年。就某個意義來講，我這輩子都在等待這一天。

太陽升起，我的家人連同好幾百名參與這趟任務的人員和家屬，一起由巴士專車送往甘迺迪太空中心。岸邊一陣微風徐徐吹來，上空朵朵雲疾飛而過，發射專家組向我們擔保，天氣不會妨礙這場盛事。參觀地點和那枚二百一十英尺高、三百五十英噸重的擎天神五號（Atlas V）運載火箭相隔將近四英里，不過我們遙遙相望卻看得相當清楚。幾十輛巴士載來好幾百名參觀民眾，他們下車走上露天金屬看台，很快就把那裡填滿。看台側邊設一個大型倒數計時鐘，還有一組揚聲器。前面是瀉湖，遠方發射台再過去就是大西洋海岸。技術人員和科學家把看台完全擠滿，他們都曾經隸屬我在過去八年主持的計畫：化學相機（ChemCam），好奇號的雷射裝置。我的同事和他們的家人從美國、法國各地來到這裡，總計超過一萬名齊集佛羅里達這處岸邊參觀升空作業。

還剩四十分鐘，美國國家航空暨太空總署署長查爾斯・伯爾登（Charles Bolden）拿起麥克風感謝所有努力促使這項任務成真的人士。倒數計時過了四分鐘，群眾起身齊唱國歌。剩下不到一分鐘，揚聲器傳來聲音，提醒民眾火箭發射相當危險，參觀民眾任何損傷，航太總署概不負責。然而最後那幾個字，卻被群眾的最後幾秒齊聲倒數淹沒了。我目光所及，民眾全都起立，靜候行動。

「三……二……一……零！」

航太總署最富雄心、規模最大的火星登陸任務，就在倒數聲中從發射台升空、加速，接著在群眾歡呼轟鳴聲中消失於藍天。

☆

太空，這個最後的疆界，逐漸被愈來愈先進的機器人征服了。就在你讀到這個段落之時，大概有二十艘這類太空飛行器疾馳在行星際空間，或者活躍繞軌運行，或者在另一顆行星上或小行星上行駛。

過去十五年，自動化太空探索東山再起大顯身手，帶頭的無疑就是第一台火星漫遊車，也就是重僅二十二英磅，體型嬌小的旅居者號（Sojourner）。來自地球的機械製品，有些在水星、金星、月球、火星、灶神小行星、木星和土星周圍繞軌運行，另有的則仍在半途，其中有航向冥王星，還有的要降落在一顆彗星上；另有三艘則是向太陽系外飛去。一艘太空船已經抵達愛神星，降落在那顆尺寸細小，寬僅十英里左右的小行星上，還有一艘歐洲飛行器則已經在土星的最大衛星，土衛六（泰坦，Titan）上降落成功。如今自動太空船已經從各星體取回樣本，源頭包括月球、一顆彗星，還有太陽（從太陽風擷取）和糸川（Itokawa）小行星。自動機探索的時間長度和深廣程度令人歎為觀止，而我也有幸能體驗其中的若干發展。

我的第一次探空經驗，就是在二〇〇一年發射的起源號任務（Genesis mission），恰逢新一波探險的起點開端。那是第一趟越過月球返航地球的任務，也成功採回太陽樣本。起源號是航太總署「更快、更好、更便宜」時代的縮影；這類任務的建造、飛行成本都很低，執行十五趟只相當於一趟卡西尼號（Cassini，目前正在土星繞軌運行）任務的開銷。起源號只攜帶三件小型儀器和樣本收集器。起源號失事了，然而它的成就卻凌駕我們最狂妄的期望。

相較而言，目前在火星上的好奇號漫遊車，顯然是迄今曾被送往其他行星的最大型（也是最複雜的）行駛載具。好奇號總重將近一英噸，大小約如一輛小款式運動型多用途車。好奇號讓纖小的旅居者號漫遊車猶如小兒科，重量則為較老舊火星雙車組，精神號（Spirit）和機會號（Opportunity）總重的五倍。就漫遊車和車載儀器所需動力方面，航太總署放棄太陽能板，改採一組核能熱發電機，日夜不停供應動力。好奇號有六個鋁、鈦質車輪，直徑二十英寸，將近汽車輪胎的高度，不過寬度超過普通車胎。漫遊車配備搖臂式轉向架懸吊系統，車底抬離地面將近兩英尺，因此是出色的全地形車輛。好奇號的主桅杆頂距地超過七英尺，因此杆上立體相機擁有一種超人的視野。車載機械臂能伸展七英尺，完全向外延展時，整輛載具總長可達十七英尺。*

最重要的是，好奇號攜帶一百六十英磅科學酬載（payload），完全就是裝了輪子的先進實驗室。車上配備多台高解析、真彩攝影機；一台稱為化學相機的雷射詢問儀器；數件天氣（和輻射）監測裝置；一具中子吸收實驗儀，用來偵測氫；一面手持透鏡（放大鏡）；還有一台α粒子X射線光譜儀（alpha particle x-ray spectrometer, APXS），這件就和前幾台漫遊車的儀器雷同。機械臂本身的重量，相當於一台前一代的漫遊車，臂上配備一套鑽孔和樣本操作系統，能為漫遊車內各項儀器採集並供給樣本。樣本經X光照射來判定晶體構造，還有一個有機實驗室能嗅聞是否存有碳基分子。

那趟任務的使命是有史以來始終讓我們癡迷想像的目標：判定火星的適居性，兼指過去是否足夠適合發展出微生物生命，還有未來是否可能支持人類生命。

我們夢想火星上有生命，原因是唯有火星才和地球那麼相像。火星的一天是二十四小時四十分鐘；重力將近我們這裡的一半強度；那裡的氣溫比其他任何行星都更接近我們的情況；而且火星還有充裕的水分和一層稀薄的大氣。事實上，火星上的空氣含有很多二氧化碳（可供植物呼吸的氣體），超過地球大氣的含量。難怪涵養出含氧大氣的「地球化」構想，會出現這麼頻繁，而且在科幻作品和真正的科學界都毫無二致。倘若有一天人類前往另一顆行星生活，那裡肯定就是火星。

如果我們是夢想家，那麼開路先鋒就是機器人。二十一世紀早期最振奮人心的探索活動，就是由自動化太空船完成的。猶如先前世世代代眾多探險活動：劉易斯和克拉克、哥倫布、麥哲倫、馬可波羅，還有培理准將（Admiral Perry）的遠征，探空目標也是為了揭發遙遠地方的祕密。儘管不會有人命損失，卻仍攸關工作、名譽和科學發現的成敗。這是一種很冒險，卻也很榮耀的事業。

*機械臂可伸達二．二公尺，外展時整輛載具長五．二公尺，車輪直徑五十公分，車重九百公斤，其中科學儀器佔了七十五公斤。

這本書藉由我的親身經驗，記述過去十年期間幾項最引人入勝的計畫，披露這個振奮人心的自動化太空探索新時代的盛衰起伏。經歷了驚天動地的起源號墜毀事件，令人振奮的好奇號飛行，還有這期間發生的所有事件，我也體驗勝利的激情和挫敗的痛苦。我從來不曾寄望能夠投身這種想像中最有趣、最好玩的事情，也就是發明飛行器並讓它升空探索外太空，來發展我的生涯。結果卻成真了，而那也就是這段故事如幻似真的部份。隨後還成就我在太空探索史上扮演的小角色。以下描述就是我親眼見識的探空任務箇中內情。

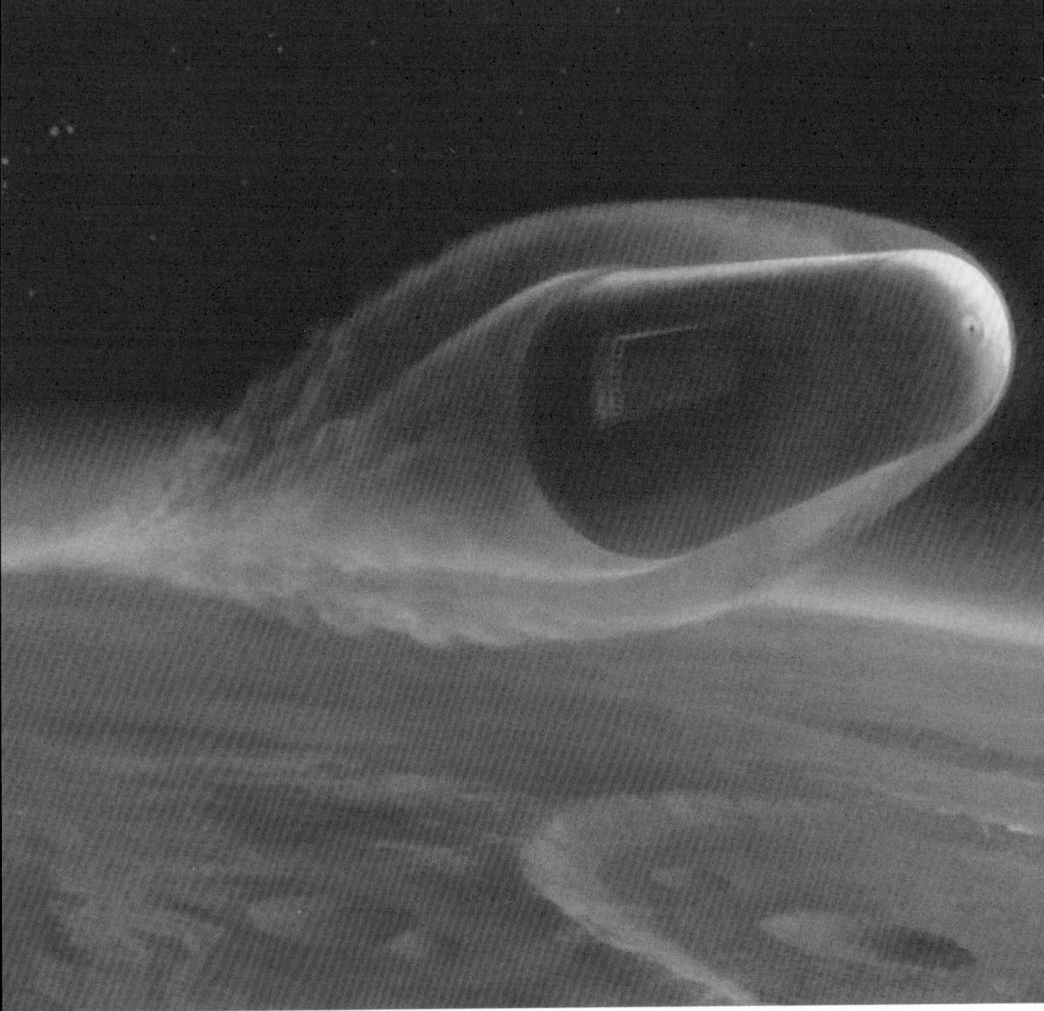

第 I 篇

起源號

第1章

從明尼蘇達到月球

一九九〇年一月，南加州一個寒冷的下雨天，我從住了兩年的聖地牙哥住家啟程，開車前往加州理工學院應徵工作。那條高速公路讓我神經緊張。在那之前，這輩子我只有一、兩次在那麼繁忙的高速公路上開車。開進帕薩迪納的路途上，我心中一邊回想自己在明尼蘇達州西部度過的童年時光。我想到一位同學對那所學校的看法，他說，在加州理工學院，所有人都是天才。那時我還曾經尋思，進入那種地方，身邊都是世界上最聰明的人，不知道會是什麼光景。現在我就要得知真相了。

我把車子停好，找到那棟建築，走上石磚階梯，頂上是妝點地質學館西班牙式建築的松綠色穹頂，我走進挑高的昏暗門廳，伸手敲第一道門。一位矮小、圓臉，頭頂漸禿的教授前來應門，把我引進室內。我不由得注意，門口旁擺一台一九八〇年代早期的TRS-80個人電腦，那是極早期的型號，早已超過正常使用壽限。室內四周其他空間列置一座座書架，上面堆滿書本和一落落論文。

地球化學教授唐．伯內特（Don Burnett）在我對面坐下，他微微點頭，擺出我後來熟見的姿勢，接著就說，「嗯，基本上，這個工作可以給你。」

「那我接受了，」我回答。這大概是有史以來最短的求職面談。

那次討論的工作，涉及一種太空新實驗的可行性研究，也是我之前從來沒有做過的事情。伯內特的構想是收集太陽粒子帶回地球，期能更深入認識太陽的組成。當時已知太陽會穩定向外發送一種原子流，這種現象最早在一九六〇年代早期已經觀測得知。要想製造儀器來偵測其豐度、速度，和其他幾種性質還比較容易，然而談到測定其組成，那就是出了名的困難。伯內特認為，把儀器裝上航空器，上太空分析那些原子並不妥當，這項工作得靠一趟取樣返回任務才行。

早幾年我就見過伯內特，當時我們也討論往後是否有可能合作。不過，取得博士學位時，我根本不認為自己應該投身太空探索，況且對於伯內特的專案能有什麼前景也不表樂觀，所以當時就決定接受另一個職位。但現在工作戛然而止，除了找伯內特之外也毫無頭緒。我們大概花了兩小時討論眼前的事項。伯內特在阿波羅系列任務期間，曾經領導一項月面實驗，不過就像我一樣，他對自動化太空船也毫無經驗。我們必須一塊兒學習。

我開著雪佛蘭Nova車回聖地牙哥，在繁忙車陣中緩慢前行，我一邊沉思，怎麼到頭來自己竟然踏上這一步。我對太空探索向來有很強烈的興趣，小時候也曾經夢想有一天要當發明家。不過那只是夢想，畢竟我是在明尼蘇達西部一處門諾教派務農社區長大的。出身那種地方，我不相信自己的童年夢想（火箭和太空探索等想法）有可能成真。

我和哥哥都在太空時代出生，約略就是蘇聯旅伴號（Sputnik）和水星計畫的時期。我比道格小兩歲，不管什麼事情都一起做。我們和同社區的其他男孩子有點不同。在我們看來，一九六〇年代晚期就是火箭和天文學的時代。我們在本地圖書館讀了《少年生活》（*Boys' Life*）雜誌的一篇廣告，隨後兩人就開始建造模型火箭。爸媽讓我們訂購入門套件包，三年級時，我就體驗到第一次發射火箭的滋味。儘管降落傘掛到樹上，我依然從此愛上一切能夠飛上青天的東西。接下來五年，我們發展出一個小小的火箭軍火庫藏，包含一節、兩節和三節型號，還有種種複製品，包括探空火箭、彈道飛彈和太空人使用的運載工具。我們的藏品包括好些叫得出名號的模型，好比探空蜂（Aerobee）、復仇者（Avenger）、阿爾法（Alpha）、遠側（Farside）、天勾（Sky Hook）、火星窺探者（Mars Snooper）與切羅基（Cherokee）；一款首次推送一位美國人上太空的水星紅石號（Mercury Redstone）；還有一款粗大醜陋的模型，叫做

「大貝爾塔」（Big Bertha）。

家中廚房一張表面有佛麥卡（Formica）紅色貼面的老舊餐桌成為我們的工作台。火箭套件相當容易組裝，從細薄的巴沙輕木裁下翅翼，用膠水黏上主體，接著再幾個步驟就可以完成。不過，我們的品管工程師道格卻堅持，每片翅翼至少都得敷上七層塗封料，而且每層分別使用愈來愈細的砂紙磨光，而且事前必須把翅翼前沿細密打磨出最符合空氣動力學的造型。再者，我們的翅翼還不只是簡單黏上去而已；我們用多層膠水塗敷，這樣一來，主體和翅翼之間的轉換部位才會顯得平順、牢靠。彩繪規劃也經過仔細斟酌，費心取得花紋圖樣並貼置妥當。我們還用刮鬍刀片小心翼翼切割彩色膠帶，裁出纖細的線條。

升級到更高檔模型之後，我們終究失去其中幾件，特別是兩節和三節型號，因為它們飛到視線範圍之外。解決的做法是組裝一件無線電信標（beacon）元件，信標內含一顆細小電池，還有幾個無線電零件，全都銲接固定在一個細小的電路板上。啟動之後，那個裝置就會向我們的無線對講機發送無線電脈衝。

我們的火箭技術活動包含許多類別。我們把這種嗜好和攝影結合，參加模型公司舉辦的比賽贏得獎項。我們製造一台照相機，安上一枚模型火箭，升空拍攝街坊城鎮的航空照片，再把地下室湊合當成暗房，在裡面沖洗底片用來參賽。

有一次我們把爆裂物發射升空，看著街坊夜空高處爆出一陣煙火，還發現浸泡汽油的衛生紙會一邊燃燒一邊飄得很遠。

我們的嗜好無疑是受了航太總署阿波羅計畫的激勵，誠如一九六一年甘迺迪總統在國會兩院聯席會上演說所述，當時他清楚闡釋計畫目標是要在一九六〇年代結束之前送人上月球。從我們家裡擁有一台電視機之後，道格和我就忠實地觀看每位太空人升空。有一次我的記憶特別深刻，那是在聖誕節發射的阿波羅八號——前進月球的第一趟任務。

阿波羅八號在一九六八年十二月二十一日升空，這是美國近兩年來的第一次載人飛行。一九六七年一次發射預演時發生火災，組員喪生，計畫頓挫並延宕數月，系統都經檢討並重新設計。那時大家都害怕蘇聯會趁這個空檔大幅超前。航太總署在一九六八年十月完成一趟阿波羅指揮艙（阿波羅七號）地球繞軌測試飛行，隨後就採取一項非常大膽的行動，期能補回落後的時間。他們宣布不再進一步做地球軌道飛行測試，接下來就要派遣阿波羅八號直接前往月球，也開創了第一次使用農神五號龐大運載火箭的載人飛行記錄。這趟任務說不定可以讓美國一躍超前，搶先飛往月球。

我們這群在小鎮長大的男孩子，只隱約察覺一九六〇年代出了幾起騷動事件，不過我們知道，有個限制自由的集權國家，試圖證明他們比容許人民享有眾多自由的國家還更優越，也明白這次升空會在太空競賽扮演關鍵環節。這有可能讓美國穩穩領先，不過基於風險本質，也非常有可能落得災難下場。先前發射進入行星際空間的無人探測器，許多都偏離軌道以失敗告終；載人太空飛行得冒十足的風險。

升空恰好排在聖誕假期第一天早上。道格和我非常興奮，說什麼都不肯錯過這次發射。至少我們是這樣想。

十二月二十一日早上，我料想哥哥會及時叫我起床，觀賞農神五號從發射台轟隆升空飛往月球的歷史性畫面。七百萬磅推力，抬起重六百萬磅，高三十層樓的龐大火箭！結果我醒過來時陽光已經灑進窗戶，道格也不在床上，而且臥房還瀰漫一股古怪惡臭。我跑到樓上，電視沒有開，而且也早過了發射時間。道格不見蹤影，這時媽媽看到我。

「道格必須住院，親愛的，我們希望他沒事，」媽媽告訴我，設法讓我安心。我的哥哥在晚上吐血，他意識半失，趴著爬到樓上，前往爸媽的臥房。爸爸是我們這個小鎮的醫師，他趕忙送哥哥到醫院。

結果發現那是胃腸潰瘍，不過那時候我卻很肯定哥哥就要死了。以我們的親密程度，這場慘禍徹底顛覆我的世界。往後幾天我都在家裡漫無目的四處徘徊，多半時候都惦念著哥哥，只偶爾想起那批飛往月球的太空人。更糟糕的是，第二天還刮起一場暴風雪，席捲我們座落大草原中的這處小鎮。雪花堆了好幾英尺深，鄰近道路很快全都封閉。新的恐懼糾結在我心中，深恐道格困在醫院，而且那裡沒有醫師。不過就在入夜之前，一輛大型鏟雪車停在我們家前面，引擎轟鳴，燈光閃爍。做鏟雪業的古森先生來接送我爸爸前往醫院，在風雪肆虐的夜晚陪伴我哥哥。

隨著太空人繼續他們的行程，我們的小鎮也逐漸擺脫風雪，恢復原狀，我哥哥的身體也慢慢康復。最後，我這輩子最長的三天過去了，就在太空人繞行月球的同一天，我們迎接道格出院回家。那天晚上，當登月艙繞月運行，所有聯播網全都放送聖誕夜特別節目：那是歷來第一次從月球軌道播送的節目。拆了聖誕節禮物（包括一件玩具火箭）之後，我們全家擠在廚房那台黑白電視機前面。道格裹著毯子，所有人都專注觀看。新聞主播沃爾特．克朗凱（Walter Cronkite）介紹之後，畫面從二十五萬英里之外的太空人那邊傳來。

「歡迎來到月球，休士頓……這是阿波羅八號，在月球為您實況轉播。」接著太空人威廉．安德斯（William Anders）、詹姆斯．洛弗爾（James Lovell）和弗蘭克．博爾曼（Frank Borman）放映從他們底下將近六十英里處掠過的月面景觀並旁白介紹。他們一邊說明，一邊就那種獨一無二的眼界分享他們的心得。最後，當太陽落入地平線消失不見，節目也即將收播之際，安德斯誦讀一段《聖經》經文，創世紀開卷十節，並以「神看顧著是好的」收尾，接著他向大家道別：「來自阿波羅八號的組員，最後我們要說晚安，祝各位幸福，聖誕快樂，願上帝祝福你們所有人，祝福美好地球上的所有人。」安德斯講完時，阿波羅八號也消失在月球陰影背後的暗空之中。

那確實是一次難忘的聖誕節。

☆

除了火箭技術之外，道格和我也迷上天文學。我們起初是使用一台店裡買的小型望遠鏡觀測天象，那時我讀四年級，我們夢想假使擁有比較大的望遠鏡，不知道能夠見到什麼景象。我們該怎樣得到那種東西？我們的夢幻望遠鏡得花好幾千美元，那筆費用超出我們的能力範圍。所幸我們一起跑一條送報路線，而且每年夏天還可以到祖父的農場打工。所以我們想出點子，打算一有錢就分次零買望遠鏡的不同組件。我們花不到一百美元就能買到六吋拋物面反射鏡，況且還有省錢的做法，我們不把反射鏡和接目鏡裝進鏡筒，而是安置在一塊長板上。鏡筒可以往後再買。

我們把完成製作望遠鏡視為當務之急，因為在那個夏天稍後，火星就會來到很接近的位置。每隔二十七個月，地球和火星都會繞日運行來到彼此搭疊的位置，兩顆行星錯身而過之時，火星盤面就會比其他時期都大許多倍，也亮好幾倍。我們可不想錯失這個良機！

一個世紀之前，歐洲的喬凡尼．斯基亞帕雷利（Giovanni Schiaparelli），還有後來美國的帕西瓦爾．羅威爾（Percival Lowell），宣稱自己用望遠鏡觀測火星發現上面有運河——外星生命的跡象。隨著更大型望遠鏡改善火星表面視野，渠道觀察結果也不再為人採信。接著在一九六〇年代，太空船幾度飛掠火星，也看不到運河的蛛絲馬跡。不過這類主張卻點燃民眾對於這顆紅色行星的興趣。到了一九七一年，航太總署正在規劃第一艘軌道飛行器：水手九號。不過道格和我則是竭盡全力希望親眼觀看火星。

反射鏡、接目鏡和鏡座都訂購了，爸爸簽了支票墊款，我們拿送報收入現款償付給他。我們前往木料場，買下足夠建造望遠鏡主體的膠合板。還買一根籬笆柱子，安裝在住家後面一處陰暗的地點。使用望遠鏡時，我們得把它搬到戶外，安置在那根柱子上。搬運那台笨重的望遠鏡到戶外，肯定得動用兩個男孩子才行。

我們的工作有了回報，就在火星逐漸逼近地球，來到約三千五百萬英里近處，我們見到細膩的火星景象。早期羅威爾、斯基亞帕雷利，和其他火星觀測者見識到的明暗特徵，我們大體都能分辨出。我們最喜愛的特徵之一是大瑟提斯（Syrtis Major），那是一片暗色的象形圖案區域，地勢朝較低一端傾斜收窄。有些晚上，當大氣出現擾動，那顆行星的表面看來就像水沸翻騰。遇上這種情況，大瑟提斯的較低端點，看來就像和下方的地物連接在一起，也彷若出現一條線，我可以想像，羅威爾如何設想條條運河遍布浩瀚的火星沙漠。日子一天天、一週週過去，火星冬季來臨，我們能見到一處極帽範圍擴大。我們買了一本寫生簿，用來記錄我們眼中的火星，也把觀測日期註記下來。當時我根本不知道，有一天我的儀器竟然能夠來到望遠鏡中那顆看來那麼遙遠的帶紅色星球，還搭乘載具前來探索這些特徵。

同一年稍後，當那顆紅色行星和地球漸行漸遠，黯淡下來，我們的天文學興趣也隨之擴充到其他方面。我們得知美國變星觀測者協會（American Association of Variable Star Observers，從事天文觀測來協助專業人士的業餘天文同好團體）希望了解會周期改變亮度的變星並做分類。那個組織始終沒有問我們幾歲，所以我們就成為經常投遞成果的常客，我們繪製圖表、提交資料，報告我們最愛的幾顆星體的詭譎變化，兼及北冕座R（R Coronae Borealis）、獅子座R（R Leonis）和大熊座Z（Z Ursa Majoris）。我們逐漸熟悉聚星系統、氣體雲、行星狀星雲、星團、鄰近星系和流星雨。夜空隱藏許多奇妙的祕密。

隨著道格和我逐漸長大，我們的生活也多了些活動：美式足球、雜貨店打工，還有上高中。同樣地，登月劃下了終點，太空計畫也隱沒到國家大事的幕後。當然，航太總署並沒有消失，不過預算卻縮減到低於一九六〇年代的三分之一。不再有太空人冒險犯難，離開地球到那麼遙遠的地方，太空探索也大半轉由自動化任務負責。

甚至在一九七三年，當最後一名登月太空人漫遊月面之時，航太總署已經在規劃一項大膽的自動化前進火星任務。維京號計畫包括兩艘一模一樣的太空船，各自搭載一台軌道器和一台著陸器。嚴格來講，蘇聯已經在一九七一年擊敗美國，搶先登陸火星表面，當時火星三號在強烈沙塵暴中成功著陸，不過只存活十四秒，接著就歸於沉寂。那是蘇聯最後一次從火星表面傳出訊息。

美國維京計畫的構想是打算由軌道器全盤測繪火星地貌，接著派兩台著陸器分別著陸，搜尋生命並更深入了解周遭環境。軌道器也必須協助下降載具確認著陸位置。兩台重約半英噸的著陸器，各在母船抵達火星一個月過後奉派降到表面，最後兩台都成功著陸。著陸器存活達六年，提供的資訊包括一柄鏟子所及範圍的火星岩石和土壤的組成，以及火星大氣的組成和季節變化。維京任務最著名的是它的生命探測實驗。這當中有一項偵測到土壤經潤濕之後釋出的氧氣，就生命而言可以視為陽性結果。然而，由於其他生命探測實驗並沒有得出陽性反應，這項結果大體都不為人採信。出現氧氣是由於土壤中含有過氯酸鹽，這種物質在二〇〇八年由鳳凰號（Phoenix）著陸器找到了。

不幸的是，維京著陸成功並沒有掙來新的火星任務獎賞。事隔二十年，火星才再有太空船從地球來訪。

結果讓我非常驚奇，我竟然有機會在研究所階段研究火星，儘管那並不是太空任務的環節。進入明尼蘇達大學就讀之前那個暑期，我在那所學校的羅勃特．丕平（Robert Pepin）研究實驗室找到一份工作。丕平是物理和天文學院的教授，專研月岩和隕石，這些隕石在我們看來都是古代小行星的樣本。這種「隕星」經實驗室定年結果顯示，它們的年齡只略比太陽系年輕一些，這個落差也就是那批小行星冷卻下來，火山活動止息之前，必須經歷的相當短暫時期。

丕平的研究最讓我感到興趣的一點是，裡面有一批隕石的定年結果並沒有回溯到太陽系開端。事實上，從它們相當年輕這點推知，其發源地肯定在行星成形許久之後仍有頻繁地質活動。把合乎條件的地方列出來，清單裡面也包括火星。不過當年的理論學家向我們擔保，火星要射出物質必須有強大的衝擊波，沒有岩石能熬過那種處境。他們對一種見解嗤之以鼻，完全不相信隕石或許出自火星，只因為受了敲鑿才脫離表面，接著還機緣湊巧飛越太空，最後才落腳地球。

後來詹森太空中心（Johnson Space Center）一位研究員在試行為岩石定年之時，發現了點點氣穴困陷在隕石裡面，氣體比例和維京的火星大氣測量結果相符。很有趣的證據，卻仍不足以證明隕石就是來自火星。真正的線索藏在氮氣裡面，也就是丕平博士的隕石實驗室，才剛學會如何以微量樣本來做研究的氣體。我修讀研究所課程頭一年期間，丕平實驗室的另一位研究員分析了推想來自火星的岩石樣本。結果明確得令人稱奇：岩石分明就是來自火星，卻也留下許多疑點。那些岩石怎麼能熬過被轟出火星的噴發事件？氣體怎麼會困陷在岩石裡面？

地球出現火星岩石，攫住了全國媒體的想像力。就我本人而言，想到能研究那些岩石就令人興奮。我寫一篇計畫書，得到獎助研究岩石。我們投入往後數年分析更多火星氣體，在這期間也發現有關那顆紅色行星歷史事件的嶄新洞見。我的研究部份在詹森太空中心進行，因此我有時候也會到那裡，有一次在那裡還得以親手握著這種特殊的隕石。我熱愛這項工作，不過那時我依然假定，火星對我而言不過是短暫的風潮。

因此短短幾年之後的事情發展，才會讓我那麼感到驚訝，幾乎純屬無心插柳，到頭來我竟然來到加州理工學院，從事一項有可能轉變為太空任務的工作。當然，那不是火星任務，不過在那時候看來也夠接近了。

第2章

時代的曙光

能到加州理工學院讓我相當興奮，我簽字接受的工作，起初看來似乎只是條死胡同。八〇年代那十年是行星探索的慘淡時期，從一九七八到一九八九年間，沒有一艘太空船升空前往月球或去到另一顆行星。維京號之後沒有任何火星任務，航太總署陷入谷底。那家機構把所有資源全部投入開發太空梭，指望從此就能以低廉成本上太空，卻始終未能如願。延遲數年之後，第一艘太空梭才在一九八一年發射送上軌道。接著在往後幾年間，航太總署集中心力擴大太空梭隊，提增年度飛行次數。然而在第一次升空之後不到五年，挑戰者號慘劇又提醒世人，太空飛行仍然是高風險事業。在往後幾年，航太總署投入檢討計畫並重整旗鼓。

由於預算大幅縮減，在這段期間，航太總署的自動化任務同樣面臨愁慘命運。典型的事件發展多半都像這樣：一群科學家構思出某項大型任務，專案獲得國會認可，然而一旦開始發展，成本就會大幅攀升，接著任務免不了都要被取消。

不單是重大任務一再推遲或遭取消，連實際執行的也往往都要失敗。一艘大型太空船徹底失敗，也意味著價值數十億美元的努力泡湯，還毀了不知道多少人的科學事業。當時有好幾項大型任務才剛遭遇嚴重頓挫。伽利略號木星探測器是在一九七〇年代孕育成形，最後終於在一九八九年發射升空，然而主天線卻始終無法展開。接著是哈伯太空望遠鏡，一九九〇年發射之後才發覺，反射鏡出現嚴重瑕疵。*

此外，這段期間接近尾聲的時候，兩項仍在研議規劃的新專案前景也不怎麼看好。首先是彗星會合和小行星飛越任務（Comet Rendezvous and Asteroid Flyby mission），這項探索任務是在美國退出國際哈雷彗星觀測計畫之後才開始規劃，原本打算派一艘太空船前往接觸一顆小行星，接著伴隨一顆彗星飛行三年。彗星觀測計畫的其他國家紛紛發射太空船，在一九八七年哈雷來到內太陽系期間和它交會，最後只有俄羅斯和歐洲的太空船實際探訪哈雷。除了彗星會合和小行星飛越任務之外，另有一艘新船，卡西尼號也已經完成設計，打算探訪帶環的土星系統。兩項任務計畫齊頭並進，兩份預算也都飆升失控。情況逐漸明朗，資金只夠推動一項計畫，接著在一九九二年年初，儘管科學社群大力反對，彗星會合和小行星飛越任務取消了。

第三項重大挫敗還等著降臨。火星觀察者號（Mars Observer）是美國自一九七〇年代以來的第一趟火星任務，那艘太空船的造價十億美元，擁有一組令人印象深刻的遙控探測儀器陣列，設計目標是要尋找水，研究火星天氣，並從軌道測繪表面組成。火星觀察者號在一九九二年九月發射，然而將近一年之後，就在抵達之際卻失去連絡。那是二十年來最後一趟大型火星任務。

就是在這種氛圍中航太總署來了一位新署長，他叫做丹尼爾·戈爾丁（Daniel Goldin），一九九二年四月一日上任。他一接掌總署就開始推動小型自動化任務，小型任務有很多優點：航太總署有辦法負擔更多趟飛行任務開銷，由於開發速度較快，每次冒險投入的資源較少，小型任務可以承擔的風險稍高，於是就可以壓低總體探索成本。

航太總署的新方向很快確立。當年五月八日，戈爾丁宣布一種新的行星科學任務線，每趟任務的開發時間不到三年，費用低於一千五百萬美元，這和航太總署的作風大相逕庭，自從阿波羅計畫以來，他們的任務始終都得投入幾十年時間和數十億美元才夠。

新的「發現」（Discovery）任務線打算採競爭甄選方式。這種途徑代表一項重大變革，有

*最後航太總署終於解決這兩個問題。伽利略號探測器仍舊能以備用天線和地球通訊，速率為每秒幾個位元，而探測器則經編程使用高效率資料壓縮技術。哈伯太空望遠鏡則是在幾年過後裝了矯正透鏡組。

別於過去司空見慣總在煙霧繚繞的會議室下達任務決策的做法。發現系列任務概由科學家統籌（受一位主任研究員管轄），並由航太總署轄下一處中心，以及業界一家合夥廠商提供協助。

在此之前的所有任務，全都試圖安撫科學界多方勢力。一趟典型行星任務得設法納入多類儀器，研究範圍及於磁場、磁圈離子和電子、無線電波、大氣動力學、大氣組成和行星表面地物的不同層面特徵。總之，每項任務總想樣樣都做一點。這樣做有很大的政治優點，因為一項任務的開銷免不了總要攀升，這時所有相關團體都會出手幫忙填補預算差額。依循這種舊有做事方法，凡是沒有把所有子團體全都納入的計畫，就比較可能落得撤銷下場。

然而，這種舊法子的淨效應卻是，每項任務往往都相當臃腫又經常超支預算。曾有人指出，大型太空船主結構伸出各式附肢，掛了琳琅滿目的儀器，看來就像大型聖誕樹，科學儀器就是那許多吊飾。「聖誕樹」一詞變成一個貶抑詞，指稱儀器配備過頭的大型太空船。依照戈爾丁的模式，每艘太空船只會有三款左右的儀器，全都集中探測該行星或星體研究對象的一項共同課題。於是專注眼前最迫切科學問題，而且統籌得宜的任務，也就最有機會獲選投入開發。

委任一位科學家負責領導是巨大的變革。早先任務全都由科學委員會統籌，管理核心則在於噴射推進實驗室，也就是先前負責領導所有深太空（deep-space）任務的航太總署下設中心。除了承擔取悅各方勢力的科學和政治壓力之外，航太總署老式管理風格的行事動機，向來都是想要儘量擴大每項任務的規模，這樣才能為航太總署中心創造更多職位，為組織帶來更多經費，也讓管理階層擁有更大的權力。戈爾丁研議由科學家來領導任務，並由航太總署各中心擔任合夥人角色，這就等於是從噴射推進實驗室的領導階層手中奪走掌控權。每處中心和每家業界合夥廠商都必須競逐參與任務，理念核心是：競爭能壓低價格。

還有一點也同樣重要，這類提案都是贏家通吃，而且有費用上限。凡是有興趣想領導一項任務的人，都必須籌組一支科學、技術和管理團隊，包括航太總署轄下一個中心和一家產業合夥廠商，接著還得投遞一份建議書。然後就由獨立審查人員負責甄選，挑出最有可能產出最高「每塊錢科學報酬率」（science return per dollar，這是戈爾丁創造的新詞）的提案。任務在建議書遴選之前已經定義完備，費用也制定確立。不會有增添儀器或團隊合夥人的情況。費用追加達兩成，就會自動觸發任務中止檢討作業。

為了協助發現系列計畫催生新的點子，航太總署宣布，當年稍後要舉辦一項新概念競賽。航太總署會根據建議書提要，聽取簡明提案，甄選出十項最佳提案，作為後續發展的藍本。提出最佳概念的十位贏家各得十萬美元獎金，並且獲許可加入一個「有可能中選的任務」專屬俱樂部，也取得在短短一年之後參加一九九四年最後決選的參賽資格。

航太總署的這項巨大變革，為我原本以為毫無前景的工作注入生機。我輕鬆做了將近兩年，著手界定我們手頭實驗的可行性，針對實驗要處理的科學層面四處打電話求教，並寫成好幾篇論文。伯內特還有其他事情要忙，他的好幾名學生和博士後研究人員，著手研讀行星形成方面的繁複細節。航太總署的新展望，抓住我們的注意力。

我們希望能取得太陽風樣本，帶回地球來分析太陽的組成，這個構想並不是新點子。最早在一九六〇年代，太陽粒子才發現不久之後就有人提出。太陽風由一顆顆原子組成，受了向外放射的極強大磁場推動，加速飛離太陽。從地球旁邊竄過的原子，移行速度約達每小時百萬英里，快得足以嵌入擋在太空路徑上的一切事物表面。

阿波羅月球任務已經收集一些太陽風樣本。太空人攜回的月球土壤，暴露陽光照射恆久時光，裡面充滿太陽風。然而，土壤並不是理想的收集器。太陽的含氫量十分豐沛，高得讓土壤無法保存下來，而且幾乎所有的氫早都洩漏一空。還有另一件事實也讓情況更為複雜，就其他元素方面，我們完全沒辦法判別有多少是來自太陽，多少是出自月球。顯然，不含絲毫雜質的人造收集器，採樣表現會遠勝於此。

專屬收集器最初是瑞士幾位科學家提出的建議，年代遠比第一趟月球任務早許多。他們已證明，要提取、分析埋植於金屬箔中的太陽風確實是可行的，同時還為阿波羅任務設計一種簡單的原型。設計含一卷鋁箔，像遮光窗簾一般吊掛在一根插進月球土壤的柱子。暴露作業完成之後，只需捲起鋁箔帶回地球即可。隨後所有登陸月球的阿波羅任務，除了一次之外，全都攜帶這項暱稱為「遮光窗簾」的實驗升空。這是每組登月太空人排定部署的第一批月面實驗之一，也是在他們逗留結束時最後撤除的實驗之一。第一次這類實驗由阿波羅十一號太空人部署，只持續約兩個小時。到了阿波羅十六號時，太空人待在月表的時間已經夠長，可以讓鋁箔暴露四十四小時。

由於太陽風會向外漫射，自行嵌入阿波羅鋁箔暴露材料的數量，每平方吋還不到十億分之一克。所以，即便使用專屬收集器，也只能針對最豐沛的元素進行分析。再者，鋁箔還會遭到太空人踢起的月球塵埃汙染，結果太陽風中所含多數元素也就無從探測得到。要想根據太陽風來更深入認識太陽的組成，必須等待行星際空間長時期收集作業成真。

伯內特有志追求這項目標，期能收集更精純的更大量樣本。然而在一九七〇年代中期，他的同事，噴射推進實驗室的第一位女性科學家，瑪西婭．諾伊格鮑爾（Marcia Neugebauer）逐漸體認到，光憑太空儀器就能破解太陽的組成，毋須把樣本帶回地球。最後她終於來找伯內特並和他見了面，接著到了一九八〇年代，諾伊格鮑爾便加入一項新的太陽風取樣返回任務。伯內特和諾伊格鮑爾得到一筆種子基金，於是他們也得以向航太總署遞交一份完整的研究建議書。他們的計畫案第二次獲得撥款之後，我也終於來到加州理工學院工作。

航太總署在一九九二年全面革新之後，噴射推進實驗室開始向外徵求擁有前瞻概念，有可能成為發現系列新任務領導人的科學家。由於伯內特和我已經得到航太總署撥款投入開發儀器，我們也是很引人注目的候選小組。這是指他們還沒有聽說我們提出一項取樣返回任務之前的情況。在此之前只有在載人阿波羅計畫時期曾經把樣本送回地球，當時投入的費用達到數十億美元，和小而廉的計畫案背道而馳！我們該怎樣把取樣返回任務納入發現計畫？當時我們並不知道。

在航太總署改變焦點之前，我們也曾考慮要搭其他任務的便車，順便做取樣返回。然而這就違反新典範的本意，這種策略肯定又會造就出一艘「聖誕樹」太空船。為了符合發現系列概念的宗旨，必須通盤重新思考我們的策略，必須從頭開始構思。

首先，以發現任務的預算，可不可能讓無人太空載具返回地球？我們打了幾通電話，向一個以專精重返艙（太空船完成太空飛行之後返回地球的部份）著稱的軍方機構求教。儘管自從阿波羅時代以來，重返艙還不曾應用於民間太空計畫，那段期間開發的技術，在軍事方面則依然扮演重要作用。他們擔保，自主小型任務升空取樣返回是辦得到的，不會有太大問題。

這部份解決之後，我們就開始把計畫定義為一個分離的實作單元。儘管這會增添實務上的問題，不過這下我們就享有隨心所欲安排任務作業地點的自由。那麼我們能飛到哪裡收集最多太陽風，而且依循最輕鬆的軌跡返回地球？我們知道，不能單純繞行地球軌道，地球周圍的磁場會讓太陽風離子偏轉方向。這種「磁圈」（magnetosphere）延展超過最高的衛星，而且地球後方還有一條磁尾，伸展到遠超過月球的地方。繞地軌道上的收集器，就算高得可以飛入太陽風，每次進入磁尾卻依然遭受地球粒子的汙染。因此繞地或繞月軌道都不必考慮了。我們可以把太空船送上一條以太陽為中心，並設定在一年間與地球會合的軌道。不過當時我們已經判定，需要的太陽風數量超過一年份。另有一條軌跡則可以用來在兩年間返回地球，不過困難度稍高。然而若是採用這類軌道，就太空艙重返地球的時間和位置而言，我們的選擇餘地就相當有限。還有，由於軌道距離地球很遠，任何通訊作業都需要比較龐大的資源。

我們的任務還有另一條軌跡可供依循。航太總署的物理和天體物理各部門，已經有好幾艘自動化太空船棲身在地球向陽側一百萬英里之外的一處半安定定點，稱為第一拉格朗日點。那裡是太陽重力、地球重力和繞日離心力相互平衡的定點，也是收集太陽風的理想位置：距離地球很近，卻又永遠「位於上游」，所以地球的粒子不會汙染到那裡。返回作業也很簡單：只需要為太空船提供些許朝向地球的推力，接下來地球重力就會接手，讓那件物體加速返回地球表面。其實，曾有一艘太空船飛到第一拉格朗日點就轉向回航越過地球，然後由地球把它彈射出去，和一顆彗星交會。既然有這麼多明顯的優點，這條路徑就成為我們的預設軌跡。

我們還必須決定，如果純粹只專注收集太陽粒子，則這趟任務應該攜帶哪些儀器。此外，伯內特還想為高純度太陽風收集器暴露作業開發一件儀器，希望可以讓若干粒子集中照射在一個小標靶。太陽風會大範圍向外漫射，就算被動收集持續兩年，我們感興趣的原子也只會在受曝曬的收集器表層累積出百萬分之幾的比例。

就一項獨立任務該怎樣飛行有了一些認識之後，接著我們就回頭向噴射推進實驗室求教。行星際太空船航行專家（噴射推進實驗室工作人員）也是最擅長管理航太總署專案的專才，即便他們的經驗大半集中於儀器配備過頭的大型太空船。噴射推進實驗室樂於協助航行作業，而且有他們的參與，也讓我們的成本估算更能令人信服。

第一步是算出我們的太空船得花多少錢。噴射推進實驗室經理人員有一種虛擬成本估算機，你把所有參數輸進去，接著那台「機器」就會吐出那項任務的成本。我們把儀器尺寸、行星目的地和任務時間長度輸進去，接著就靜候數字。估算金額為一億九千萬美元！超出太多了。發現系列任務的上限是一億五千萬美元，而且我們也沒辦法降低成本；我們的太空船並不是聖誕樹型的，沒有五花八門的儀器可以撤除。

什麼因素讓成本變得這麼高昂？我們猜想，禍首是返回地球的行程，不過我們還做一個小小的實驗來確認這點。我們輸入同一項任務，不過取消帶回樣本的部份。果然，這時得出的金額是一億美元。成本估算機告訴我們，光是把樣本送回就得花上九千萬美元，真是荒謬的金額。畢竟，迄至當時只有阿波羅登月任務完成取樣返回作業，而且那幾次開銷都在幾十億美元範圍。不過我們就此議題和噴射推進實驗室同仁深入討論，並向他們擔保，返回艙技術對軍方的太空作業依然具有重大影響，隨後我們便獲准爭取較低成本估算。經過數人共同協商，得出一千四百萬美元額度。現在我們就能符合發現系列任務的規格。

航太總署決定著手推動新計畫，他們籌辦一次會議，好讓大家發表自己的見解。就像徵求小型任務新概念的選美比賽，會場設在洛杉磯南方聖胡安卡皮斯特拉諾城（San Juan Capistrano）的一家機構，召開時間預定在一九九二年十一月中旬，從戈爾丁上任起差不多過了半年。結果讓航太總署大感驚奇，各方深藏不露之士紛紛提出不計其數的構想。總計發表七十九個點子，任務涉及範圍涵括月球、火星、金星、小行星、彗星、水星和木星。那家小型機構擠得水泄不通，科學家、工程師，和太空迷從全國各個角落來此共聚一堂。然而卻幾乎沒有哪項任務概念提到把樣本送回來，也只有我們的概念提議進行太陽風收集作業。

許多任務就太空船設計、時間進程，和儀器細部各方面都明顯發展得更為成熟。儘管勝算不高，不過我們已經竭盡全力，也熱切等待最後結果。

十二月一個下雨天，我走進伯內特的辦公室，看著他臉上的表情。我們沒有排入前十名。

我們讀了航太總署總部發來的信函，駭然發現信中表示，審查小組評定我們的任務可行性極高，包括取樣返回方面，然而就科學價值層面卻給了低分。審查判定，眼前正籌備發射的好幾艘太空船已經可以實現我們研究太陽的目標，而且不必攜回樣本。

那樣講完全錯了，即便他經過多年歷練，深知建議書有相當比例會被回絕，加上他對這種結果深感失望，但伯內特依然覺得，就這一次，他不能不採取行動。他寫一封信給主任委員，謹慎指出其中錯誤。接著我們靜候回音，心中卻不抱持多大指望。

在此同時，我們又遭受另一波打擊。航太總署負責儀器開發計畫的部門，也就是頭兩年撥款給我的那另個單位，早先便決定參考選美比賽結果，來評斷往後要資助哪些儀器專案。儘管獨立審查結果就我們的建議書提出正面評價，資助小組卻在檢視比賽結果之後回絕建議書。我們在聖誕節過後不久收到回絕通知書。我們的儀器提案資助遭撤銷，也就意味著我的預算在往後幾個月就會用罄。三年來第二次，我似乎就要淪落街頭找工作。

收到航太總署儀器部門回絕信函過後一週左右，我們收到任務概念審查小組的主任來函。奇妙啊，審查小組斟酌了伯內特的信函，確認信中所述真確，還把我們的得分一舉提高。我們回到角逐場！再過不到一個星期，比賽優勝名單正式出爐。結果卻不是十個獎項，航太總署的勝選小型任務清單納入十一項任務。我們是硬擠進來的。

前景再也不會顯得那麼淒涼。隔年我們再次向航太總署投遞儀器開發建議書，內容幾乎沒有什麼改動，由於我們在發現系列概念角逐入選，評定分數高居所有建議書的榜首。

一九九三年八月的火星觀察者號探測器失蹤事件，到這時更強化了朝小型任務改變的風潮。航太總署繼續推動角逐計畫，遴選新的發現等級小型行星任務。他們約每隔一年撥款贊助新的飛行計畫，第一輪完整建議書在一九九四年秋季截止收件。

我們啟動上路，著手準備發現系列的第一次任務甄選。

我們的任務非常獨特：沒有其他人有志取得太陽樣本。任務目的不單是要探知最接近恆星的組成。我們已經知道，系內行星，連同太陽在內，各個都是從一團氣體雲霧和星際塵埃凝集而成。每顆星體都有獨特的成分，各自擁有所謂的化學訊跡。不過假使能夠更深入認識最早的初始原料，我們也就能夠解讀那些訊跡，從而更深入了解行星的形成歷程。太陽含有太陽系內百分之九十九的物質，肯定掌握太初星雲塵霧的代表性樣本。太陽的外層並沒有受到內部深處核燃燒作用的影響而改變。所以，我們推論，倘若能夠取得太陽這個外層部位的樣本，也就是從太陽風採樣，實際上我們就能得到那團星雲塵霧的樣本（我們尋覓的初始原料）。因此我們以能夠喚起太初起點聯想的名稱，來為我們的任務命名：起源號（Genesis）。

第3章

任務甄選

一九九四年夏季，為了角逐發現系列完整任務的第一次競試，我們竭力撰寫起源號企劃書。我們有了長足進展，逐步落實任務概念。身為「選美比賽」優勝人選之一，我們成為噴射推進實驗室青睞的對象。他們開出條件，願意比照我們已經贏得的資金再追加五成，這樣一來，噴射推進實驗室就更能深入參與計畫。由於我們欠缺部署、收捲太陽風收集器的規劃，甚至連收集器應該是什麼模樣都不知道，於是我們決定接受這項提議，動身前往他們的機械裝置部門（mechanisms division）。

我們安排在一天傍晚和機械工程師第一次會面，地點在加州理工學院一間無人使用的教室。我們構思的是一件真正獨特的重要儀器。那不是攝影機，也不是什麼花俏的離子或伽瑪射線偵檢器。其實我們想做的是讓高純度材料曝曬在陽光下一段很長時間，接著讓它們縮回艙內並送返地球。工程師的首要考量是，硬體裝備如何熬過發射振動、重返的嚴苛條件，還有開傘降回地表著陸時的輕微衝撞。我們考慮採用矽晶圓當作收集器材料，也就是電腦晶片的製作原料。這類晶圓列名地球上純度最高的材料，而且現成可以取得。不過矽晶圓是很脆弱又容易碎裂的純矽晶，太容易損壞，不是機械工程師偏愛的選項。

經過冗長討論，最後我們終於敲定一款收集器陣列設計。收集器規劃直徑略小於三英尺，收納在將近五英尺寬的艙體裡面。計畫包含幾個晶圓陣列，每個陣列約含八十片四吋晶圓，彼此疊放安裝在一個防護筒裡面。那個防護筒可以像蛤殼那樣掀開，筒內側邊裝了一根縱向軸桿，開蓋後晶圓陣列就能繞著軸桿旋開，露出大面積晶面。其中三片可以先由頂層陣列遮住，只在計畫類型的太陽風出現時才會開展*，並暴露在陽光下，頂層則持續不斷收集太陽風。

就在和噴射推進實驗室合作發展陣列初步概念的時候，我們也和丹佛的洛克希德馬丁宇航公司（Lockheed Martin Astronautics）建立合作關係。洛克希德馬丁剛買下一家曾為軍方製造

---

*太陽風可以區分三類：「慢速」太陽風，移行速度略低於每小時一百萬英里，主要出現在黃道圈，也就是行星運行軌道；「高速」太陽風，速度接近每小時兩百萬英里，常見於太陽極點附近，不過有時也會延伸到黃道；還有暫時性的第三類，稱為「日冕物質拋射」（coronal mass ejection），這類太陽風有時會干擾另兩類粒子流。據信這三類太陽風的組成略有不同，其中高速太陽風最能代表太陽的組成，不過我們希望起源號能解答有關類別間差異的問題。

返回艙的公司，迫切希望參與航太總署競案。所以責任分工規劃如下：噴射推進實驗室在伯內特指導下管理計畫案，負責太空船飛行導航，也職司製造收納、部署太陽風收集器的防護筒。洛克希德馬丁設計太空船，包括推進系統、航行設備、通訊和機載電腦，當然還包括艙體和重返系統。推動太空船飛離地球的火箭打算發包給波音，不過那時無人火箭大體已經是裝配線製品，所以也沒什麼必須討論的。

此外還有一項重要議題：實驗需要好幾種監測器，記錄太陽風在「飛鳥」航行期間表現的行為。我們聽從諾伊格鮑爾的建議，決定和先前曾經打造相仿儀器的洛斯阿拉莫斯國家實驗室（Los Alamos National Laboratory）合作。洛斯阿拉莫斯還會協助製造第三種儀器，就是當時我正在開發的太陽風集中器（concentrator）。

我們的噴射推進實驗室和洛克希德馬丁幕僚在概念階段只維持最精簡的支援員額，基本上就是他們的「夢工廠」企劃高人，那些人有辦法從推進、熱力學、航行等各方專業行家取得關鍵資訊。那批高人負責向我們轉達資訊，至於實際彙整資訊，擬出前後一貫建議書的職掌，則是落在伯內特和我的肩上。當時的文字處理才剛進入成熟階段。我出生的年代比伯內特更接近電腦時代，文件發行工作便由我負責，他則專事統籌審查所有事項並調和外來資訊。我們已經從 TRS-80 電腦升級到一台「三八六」，還連上一台列表機。最新發展是一條電郵接線。當時的電郵只含文字簡訊，附檔則依然是聞所未聞。所以除了簡單文書之外，所有資料都以硬拷貝往來傳遞。我們的建議書中有好幾百幅圖解、表格和摘要框。那時的文字處理軟體很不好用，必須艱苦克服萬難：就在我認為一切妥當之時，一個框格卻跳到下一頁，留下三分之一的空白頁面，害我們超過頁數上限。

經過多日校訂、剪下、貼上、調整然後再調整，最後我們終於可以列印了。那時已經是郵戳截止期限前一天夜間十一點鐘。我原本指望能比前一晚早一點回家（那晚我們是在凌晨兩點收工），然而列表機開始出現校正和卡紙問題，還從紙張中途開始列印。我們設法修好紙匣，試了好幾次才終於放棄，最後只好一次一張為那台不聽話的列表機進紙。深夜時分，時鐘似乎加速轉動，我們也被睡意籠罩。最後幾頁終於印出來，也可以回家了。我們開車經過寧靜的街坊，涼爽濕潤的海風已經吹到內陸遠方，清風拂面，讓我們精神一振。已經是凌晨四點，不過建議書已經完成了。

隔天，二十五份副本郵遞送往華盛頓。將近六個月之後我們才能得知結果。總共有二十八份建議書提交審查，包括原本那十一項聖胡安（卡皮斯特拉諾城選美優勝企劃），換言之，我們面對極端激烈的競爭。日子依然要過下去：任務發展仍舊會以牛步進行，在此同時，我們也不確定起源號是不是能夠成真，或者被拋進滿滿都是退件構想的垃圾堆。

☆

談起參與行星科學任務的經歷，加州理工學院的地質和行星科學（Geology and Planetary Sciences）部門是深受敬重的機構。那裡的教職員參與航太總署作業已經有多年歷史，而且至少有一位教授還曾經擔任噴射推進實驗室主任，也難怪好幾位教授都摩拳擦掌參與角逐第一項發現系列任務。當然，每位參賽人士都期望能得到最好的結果。

不過就那個部門看來，伯內特和我有一項重大障礙。我們並不是「行星科學」圈內人，而是隸屬地球化學系，和其他滿懷奪魁指望的任務候選人的棲身處所相隔一棟大樓，而且行星科學分部的教授也都看不起我們的參賽構想。畢竟，收集太陽的原料並不是真正的「行星」科學。他們認為，我們肯定是運氣好，才能在前一年獲得航太總署認可，把我們的任務概念排在第十一名。當然，他們的任務參賽作品肯定有一項能輕取我們構想拙劣的嘗試。儘管沒有明講，不過這種見解卻是不言而喻，我們在廳堂廊道擦身相遇時也感受得到。

建議書提交之後，部門宣布凡是掛上加州理工學院名號的建議書，都得在行星科學研討會上發表提報，每週進行一組。我注意到，起源號任務提報是排在墊底位置，遠遠落在航太總署排定宣布決選名單之後。依我揣摩，這樣一來，等決選名單宣布之後，我們的起源號提報很容易就可以抽掉，換上其他比較「行星型」的課題。

一九九五年二月底時，我出差到芝加哥附近的阿貢國家實驗室（Argonne National Laboratory），試做一種新的實驗技術——共振離子化質譜法（resonance ionization mass spectrometry）——期能用來分析起源號的太陽風樣本，那時我接到伯內特興奮打來電話。他講話速度之快，是我歷來僅見：「我們要進入下一回合了！其實我現在還不應該告訴你，不過我就要去華盛頓參加記者招待會！」我喜不自勝。我們從兩年前開始到現在已經長足進展，那時我還以為案子已經絕望，我的工作也丟了。當天我進行實驗步驟時，腦中簡直想不起其他事情。

航太總署秉持向較小型任務轉換的精神，逕自選定一份費用低於一億美元的月球軌道器「月球探勘者號」（Lunar Prospector）建議書；那項任務成本還不到上限的一半。航太總署還另外選定三項任務參加決選：起源號、一艘金星軌道飛船，還有一項稱為星塵號（Stardust）的任務，目的是從一顆彗星的彗尾取樣返回。這些決選提案必須經過為期六個月的階段A先期可行性研究，接著才開始對決。

隔天，伯內特前往記者招待會半途來到芝加哥，於是我們也才有機會討論對策。那天風很大，寒冷刺骨。我和他在旅館見面時一陣雪花在地面翻飛，他身著單薄襯衫跑到外面接我，原來他興奮之餘忘了在行李箱裡塞件外套。

回到加州理工學院，行星科學和地球化學家的不平等地位似乎已經彌平。起源號是加州理工學院唯一打進決賽回合的建議書。伯內特發言提報的日子終於來臨，講堂座無虛席，外面還有民眾和記者吵著要進來聽獲勝的概念。坦承有眼無珠的人不在少數。

獲選加入決賽回合的陶醉感受，很快就被所有待辦事項的重壓取代。我們的概念仍不成熟。我們有一件儀器，太陽風集中器（目的是要讓離子集中轟擊一個小型標靶）的構想十分拙劣，連我們都知道，建議書中描述的設計根本不會有作用。離子光學談得太簡單了。現在我們必須同時做兩件事情：著手打造一台原型，打算用來測試一種簡化版；同時，還必須設計出更好的集中器，一旦任務批准就可以導入使用。最後我只好吩咐一位學生留在加州理工學院，負責改良飛行設計，我則投入測試原型。測試作業必須在瑞士進行，那裡的設施能為這類儀器做測試。

這時專案已經瘋狂般火速進行，我實在沒有時間出國。幸好到了這個時候，電郵已經變得司空見慣，也讓我能夠和專案的其餘成員隨時保持連絡。正常工作期間我都待在太陽風測試設施裡面，那裡有一間大小如一輛卡車的真空室，能加速離子朝我們的原型集中器射去。當電郵開始從美國各處湧入，報告任務的其他相關細節，我也開始在晚上處理信函，直到夜深才沿著杳無人跡的鵝卵石街道向我的旅館房間走回去。

這回合競試需要提出一部數百頁論述，說明我們做出的可行性研究結果，每支團隊還得分別發表一場持續一整天的提報，接下來再隔幾天，就由各方相關科學小組做最後說明。決選名單宣布過後兩個月，噴射推進實驗室和洛克希德馬丁都有大隊工程師加入專案。這些團隊似乎都很習慣吐出大量高品質瑣碎細節，不過他們的戲碼並不包括發表一整天的現場提報，也不怎麼能夠讓任務顯得很令人激賞，所以我們的團隊便排定在九月底演練一次。

我們飛往丹佛並前往洛克希德馬丁廠，那處廠房隱藏在洛磯山脈一處豬背嶺（hogback ridge）後側，已經過了郊區南界的地方。那處廠房在冷戰時期是軍事工業複合廠區的一部份，一九五〇年代落成，地點選在距離城市很遠的山脈後側，所以若是挨了洲際彈道飛彈攻擊也不會毀掉丹佛。

演練情況很慘。事前我們排定一大段時間給洛克希德馬丁描述太空船系統，專案的噴射推進實驗室部份，我們也做了相同安排。原先的策略是要擺出大批工程高手，以推進、太陽能板、電池、重返系統，和熱控制等相關學科的堅強陣容來震懾現場觀眾。白日將盡，一個個工程師輪流上台講自己的特殊專長，卻往往講得晦澀不明、結結巴巴，帶著很重的腔調，還有

（或者）盯著地板瞧。投影片內容寫了太多難以理解的術語，還有欠缺標示的圖解，甚至有些工程師的設計互相矛盾。眼前兩件事情明顯得令人苦澀：這種策略失敗了，我們亟需再安排一次演練。

第二次演練和第一次判如天壤。我們拿掉長串講員，換上一位有能力完整闡述洛克希德太空船各子系統的魅力型領導人。噴射推進實驗室則只有少數提報人保留下來，也僅有兩人講得平淡無奇，所幸他們的發言都相當簡短。洛克希德馬丁引進一位年輕女性，她的唯一職掌是批評提報人的推銷表現。她很快就揪住每位講員，窮追猛打稱不上出色的表現。

提報日終於到了。我們身著科學家最佳行頭，動身前往洛克希德馬丁複合廠區，登上太空科學大樓（Space Sciences Building）六樓。提報室外擺設各式硬體組件的模型和實體模型，我在瑞士完成測試的太陽風集中器也列在展示品項裡面。提報室裡座無虛席，審查委員坐在前方，桌子延伸跨越講堂。

我們的團隊先前已經調出每位評審的背景和專長相關檔案，想要稍微了解審查人的興趣和作風。委員會成員包括好幾位航太總署總部的人員，不過多半是退休的灰鬢老者或是來自航太總署各處室的專家。審查主任由小詹姆斯·馬丁（James S. Martin Jr.）擔任，他是個很有威望的人，曾經主管多項專案，包括一九七〇年代的維京號火星任務雙胞著陸器，那次成就廣獲稱許為歷來最成功的無人任務。馬丁這個人以堅決果斷，不輕易動搖著稱。第一次火星剛著陸不久，他就拒接總統來電，理由是他很忙，稍後才有辦法講電話。馬丁把工作排在第一。

起源號審查作業起步很順利，委員會對我們採集太陽風來認識太陽系誕生的任務似乎真心感到興奮。到了中午，我們已經比較能輕鬆呼吸了，不過最難處理的部份還在後面。

我們在下午細部說明規劃軌跡，包括戲劇性的重返程序。這會成為航太總署自阿波羅時代以來的第一次太空艙地球重返作業。在這段期間，航太總署唯一一次艙體進入作業是登上火星——出現在馬丁的任務。我們的團隊敘述著陸位置，預計落在猶他州的鹽灘。軍方使用部份鹽灘作為來襲飛彈訓練場，在那裡設了約五十處高科技追蹤站，用來監視他們測試用的來襲物體。那處位置似乎是起源號的理想用地，我們的團隊也正在洽談，想用那裡做為起源號的重返基地。不過這裡另有一個細節。

由於艙內材料非常脆弱，必須想個法子捕捉，以免開傘著陸時撞上石塊，或彈起碰上岩石。我們決定採用半空捕捉。這個構想第一次提出時，聽起來很可怕——艙體在半空捕獲的機率能有多高？不過重返小組向我們保證，這不但很容易進行，而且軍方已經做了好幾百次。冷戰期間的最早期間諜衛星都使用底片筒，納入「日暈偵查計畫」（Corona Reconnaissance Program）的一環。底片筒經「脫離軌道」作業開傘下降並由飛機捕捉，以免落入不當人士手中。洛克希德馬丁最近才做了一次墜落試驗，由一位先前沒有半空回收經驗的飛行員，多次成功捕獲物件沒有一次失敗。看來這正符合我們所需！

審查委員對我們為確保作業成功下的功夫顯然很感振奮。他們的信心增長，任務提報讓他們相當安心（恰如我們所願），這時我們遇上一個意外阻撓。

馬丁詢問：「重返部份……風勢呢？」重返小組事前已經研究著陸位置的風況，也報告表示，鹽灘在上午幾乎很平靜。同時基於艙體從太空進入的途徑，反正也只能在上午著陸。小組說明一年當中只有幾天，風勢會強得讓直升機無法起降。不過馬丁並不滿意，「倘若你們倒霉遇上重返日風勢太強呢？」我們回答，會讓太空船轉向，讓它在約三十天內返回。結果馬丁卻變得很尖刻，「假使那天風勢也很大，那又怎麼辦呢？」我們回答，兩次嘗試都遇上風勢過強的機率極低。

馬丁覺得那樣還不夠好，他對風勢變得非常執著。現在所有人都對這點感到緊張。他握拳搥桌大聲宣告，「我要知道你們打算怎麼應付，就算只有百分之二的發生機會也一樣！」提報人和任務領導人點點頭，表示他們會著手處理。我們都搖頭不敢置信，這位德高望重的人竟然把這個議題誇大到這等程度。

其餘審查過程都顯得有氣無力。專案主持人起立說明成本計畫，還有太空船的建造進度，接著由我們敘述公共關係和教育計畫。審查委員恭賀我們擬出很有潛力的任務概念，隨後就離開進行閉門會議。我們離開提報室，一齊呼出一口氣，輕鬆下來。這次審查是我們過去幾週、幾月以來唯一翹首企盼的目標。這下終於結束了。委員會表達顧慮的問題實際上只有一項：風勢，這應該不會是那麼嚴重的問題。不過會嗎？

就在我走到戶外時，外面一陣風吹沙揚撲面而來。我闔上雙眼，塵土和殘屑被吹過道路。丹佛並不常刮這種強風，這會代表什麼意思呢？

強風繼續刮了一整晚。我們收工上一家餐廳，最後回到旅館房間，門扇在我們手中強力掀動，更多塵土向我們的臉龐撲來。風聲咆嘯讓我們不得安寧，引人想起馬丁搥桌的情景。一陣惡風刮起來了。

我們在三週過後接到電話，起源號沒有獲選，航太總署選定的是星塵號，有趣的是，同樣是一趟取樣返回任務，設計目標是從一顆彗星的彗尾取回粒子。我們的心碎了，我們做對了那麼多事情。

三週過後，噴射推進實驗室舉辦一場匯報說明。航太總署的下一趟發現系列任務角逐時，我們還可能有另一次機會，所以希望知道哪裡做錯了。結果令人驚訝，我們在匯報時聽說，除了一項之外，起源號任務的得分全都和星塵號相等或更高，那個例外是公關，整個專案當中無關緊要的一個部份。我們不明白是哪裡出錯，但不禁認為，馬丁那次為了著陸位置風勢突然發作，或許造成了重大影響。

第4章
打造起源號

往後一年，起源號的工程小組飄離了軌道。他們忙著投入自己的全職工作，伯內特和我則盡力拿捏概念分寸，設法確保下回能夠兼顧所有的技術課題。工作市場終於稍見好轉，我也完成好幾項求職面談。在起源號提案過程中，我結識好幾位在新墨西哥州洛斯阿拉莫斯國家實驗室打造太空船儀器的人士。他們那組人馬有位成員離職去當太空人，因此出現一個空缺。那個小組十分讚佩我在起源號審查期間成就的工作，於是在一九九六年尾開出聘雇條件，而我也接受了。

洛斯阿拉莫斯是在一九四三年第二次大戰期間由羅勃特·歐本海默（Robert Oppenheimer）創辦，旨在發展第一顆原子彈。那裡和設於南加州都會區的實驗室相隔很遠，看來反倒像是北美洲最偏僻的地方。那處實驗室從一開始就推廣非機密區的資訊開放流通，和大學校園十分相像。這套哲理時隔約六十年依然施行不輟。因此，我們大體上都比有其侷限的機密區更能自治。我抵達時，官僚形式少之又少，反映出那處實驗室和大都市與政府中樞的隔離情況。因此在洛斯阿拉莫斯建造太空船儀器的開銷，明顯低於其他許多地方所需費用。

洛斯阿拉莫斯國家實驗室太空儀器設備組的棲身處所，是由好幾輛雙倍寬度拖車拼成，沿著主實驗室位址後方的峽谷列置。這個小組淪落到國家實驗室複合廠區的偏遠角落之實，象徵一個更大的議題。實驗室管理階層對我們這個小組漠不關心，因為我們從事的是非機密工作，遠遠偏離實驗室的主要任務。儘管如此，我來到這裡的時候，這個部門的成員送上太空的儀器已經達到四百件左右。

身為太空科學家，我們是小池塘裡的大魚。當時洛斯阿拉莫斯只有少數人員參與航太總署專案計畫。那裡是「文藝復興通才」的理想棲居地點。我們不必被迫專注研究太陽系的某個部份或某類儀器，我們可以嘗試許多不同領域。我喜歡那種自由；那裡的可能性，就像那裡的地貌一般遼闊開敞。

洛斯阿拉莫斯的環境完全是夢想成真。實驗室海拔高一英里半，設在一座龐大死火山的山邊，座落位置在中央火山口東方幾英里之外，那處火口就像個巨大的碗形草原，稱為瓦耶斯火山臼（Valles Caldera），裡面有牛和麋鹿低頭吃草。火山臼邊緣北嶺斜坡上設了一處地方性滑雪場。那裡擁有眾多野生生物，還有森林和峽谷分布在那片地帶。此外，洛斯阿拉莫斯小鎮的博士密度高居全球之冠。我逃出洛杉磯擁塞環境，而且沒有犧牲加州理工學院的知識氛圍。

離開加州理工學院之前，我做了最後幾件事情，其中一件是再次投遞起源號建議書，競逐發現系列的下一輪任務。這次的最初回合極大部份都側重科學，而非工程學。由於大半工作都已經在先前那個回合完成，重新遞件必須額外處理的事項少之又少。大半都只是潤飾科學論述，以及讓篇幅符合頁數限制。

搬遷過後不到兩個月，航太總署公布下一趟發現任務的簡短候選名單，起源號又一次取得決選資格。工程師小組恢復生機。整支隊伍興奮發熱，努力改善已經成熟的任務概念。我們重新選定太空船軌跡，製造酬載的實體模型，安排進行振動試驗和墜落試驗，接著就製造太空艙實體模型。同時，我們也老老實實研究著陸位置的風勢問題。這個風險讓團隊傷透腦筋，不過也沒什麼辦法可想；事實是，強風造成危險的機率非常低。在我們看來，其他事情出錯的機會高出太多了。

我們又走過預演作業，終於到了向航太總署審查小組提報的日子。這次馬丁沒有列席，所有事情都進行得相當順利：沒有人拍桌子、沒有重大質疑。我們相互恭賀，回家，靜候結果。

約一個月後，我的電話響起。那是伯內特打來的。「我們上陣了！我們選上了，下一趟發現任務輪到我們了！」

我們這群參與這項專案的人跑過廊道，不管是誰願意聽聽起源號中選消息，我們都向他們大聲宣告。若是由我來決定的話，那麼我們純粹靠熱情就能完成這項工作。和我們合作的專家，多數都非常令人鼓舞，這個團隊相當自豪，因為我們開發出整個實驗室最引人入勝的專案計畫。有史以來第一趟自動化取樣返回任務，正處於顛峰狀況。不過我們得和時間比賽。「更快、更好、更便宜」確實代表更快，現在我們只有二十七個月時間，從頭開始打造儀器並測試完成。

洛斯阿拉莫斯的起源號儀器小組開始會合，另一位經驗更豐富的同事會與我共同研發太陽風集中器，並負責領導技術小組動手製造。這樣安排能提供我欠缺的飛行經驗。另一位同事，布魯斯．巴勒克拉夫（Bruce Barraclough）則負責另外兩件用來監測太陽風的速度、溫度，以及磁場諸元的儀器。巴勒克拉夫是打造太空儀器的資深老手，不過從某些層面來看，他能當上儀器負責人卻讓人跌破眼鏡。起初他和我們同樣主修科學，不過他對這門學問卻感到厭煩。他曾經就讀夏威夷大學，在他看來，那裡似乎是個理想的就學地點。不過他認識他的太太莫琳之後，兩人卻患上一種可以稱為島嶼症候群（island syndrome）的狀況。他們休學搬到夏威夷一處偏遠地帶，和島上農人共同生活好幾年。巴勒克拉夫從來沒有透露為什麼回歸文明，不過總之他是重拾課業，接著就落腳洛斯阿拉莫斯，經管太空船儀器。他的衣櫃裝了五花八門的夏威夷襯衫，而且整年都穿人字拖鞋。巴勒克拉夫善於跟人相處，而且非常擅長籌組新計畫。沒有誰是他不能好好相處的，如今在那裡待了二十年，和所有人都交上朋友。儘管他比其他多數經理人都更悠閒，卻也總是有辦法把事情做好。

我們這支新團隊的注目焦點，首先是如何設計出太陽風集中器。先前也曾有人製造出些微相仿的裝置，不過那些的尺寸都小得多。有一項共通特徵是柵極（grid），基本上就是經過美化的紗窗材料，而且通上高壓電，就會像透鏡一般引導離子向標靶射去。就我們的儀器，柵極直徑必須將近一英尺半才行。我們希望儘量提高它的流通量，不過流通量最高的柵極也最容易受損。傳統上，這類儀器採用的柵極都是從模板增生出來的單片金屬類型，有別於以許多分離金屬絲織成的類紗窗篩網樣式。首先，我們構思出性能最好的柵極款式，並要一家公司製出一件成品。我們知道能產生最高流通量的並不是方形開孔，而是六方形樣式。我們大方付款並拿到一件原型，接著就著手測試，把它安裝好並迅速冷卻，這正是往後在太空中會發生的情況。結果柵極馬上破裂，嚴重毀損。我們意識到，這下手頭出現問題了。

我們立刻向同事求教，詢問是否有更堅固的柵極。我們瀏覽目錄和網頁，發現許多柵極，然而卻幾乎全都是以多條金屬絲織造的。這種設計能發揮效用嗎？太空船專家提出的建言並沒有定論。這裡有個重大疑點，那就是拋射體的問題：假使有一顆微隕石撞擊柵極，打斷一條或多條金屬絲？整件裝備會不會四散開來？我們不能有金屬絲扯脫或突伸，因為這樣肯定會造成電氣短路。

傳統上，調查微隕石作用的做法是到專業試驗設施進行。我的博士論文部份測試就是在詹森太空中心的衝擊實驗室做的，當時由一位德國人負責執行，他的身材矮小，精力卻很充沛，名叫弗雷德．霍爾茲（Fred Horz）。他把炸藥裝進一挺小口徑火炮，沿著真空管瞄準一個標靶艙室射出。這個途徑有個問題，安排作業必須花好幾個星期，而且開銷很大。然而起源號任務的進度卻很快，預算又很少，所以我們既沒有時間也沒有錢來做這種試驗。

既然沒有其他選擇餘地，我們只好採行低階門路。我們載著柵極開車到本地狩獵運動俱樂部去對它射擊。子彈比微隕石大一些，也慢一些，不過工作還是要靠它們完成。我突發奇想，打電話給實驗室攝影師，向他說明我們打算做什麼。他那天早上不忙，所以我們三人約在靶場見面：巴勒克拉夫攜帶他的步槍，加上我們的攝影師，還有我帶著柵極到場。我們把標靶架設妥當，在上面打了幾個洞。柵極並沒有散開，也沒有任何不當舉止。我們很高興，打出來的彈孔都很乾淨、整齊。

我們還測試柵極的冷、熱耐受程度，凡是送上太空的材料全都必須考量的重要顧慮。曾有一位顧問預測，比人類毛髮更細的纖小金屬絲一旦冷卻，就會經歷一種相變，並有不可逆轉的縮短現象。這樣縮短肯定對柵極構造帶來災難後果。所以我們把柵極裝上外框，再次召喚我們的攝影師，接著把柵極浸泡在裝滿液態氮（溫度為攝氏零下一九六度）的大淺盤裡面。我們用電子顯微鏡分析柵極金屬絲，浸泡前後的比較結果顯示，金屬絲並沒有縮短。這些纖小的不銹鋼絲十分堅韌。

我們還必須進行最後一項試驗：柵極在溫暖陽光下曝曬會怎樣起皺紋？我們有方法可以測繪，或者判定柵極在室溫下的形狀。另一位同事丹・里森菲爾德（Dan Reisenfeld）建造一個測繪站並測試完成，能射出細窄雷射掃描儀器前端，檢查是否有皺紋。我們有能夠把整件儀器加熱的熱力艙，卻仍不能和在陽光下測繪儀器圖像相提並論。噴射推進實驗室和其他幾處地方都有太陽照明艙，卻同樣非常昂貴，而且通常都必須提早好幾個月預約進行整艘太空船的測試。所以我們採行低階門路：某人找到一家賣聚光燈的好萊塢公司，我們研究產品後發現，那家公司的照明燈和某些太陽照明試驗艙室使用的聚光燈幾乎一模一樣。於是我們花四千美元買了一台，開銷只有工程學款式的二十分之一，而且才一個星期左右就送到了。集中器柵極試驗結果很好，讓我們對儀器能發揮作用產生信心。

這種低預算的自己動手做精神，適足以代表我們的起源號經驗，還有航太總署的小型自動機任務新體系。

由於我專注處理集中器，太陽風監測儀幾無絲毫進展，那兩件儀器都由巴勒克拉夫負責。由於監測儀看來相當簡單，而且和我們團隊製造過的其他儀器幾乎一模一樣，於是巴勒克拉夫才一拖再拖，完全是夏威夷作風。於是我們不想仿效集中器的做法，分階段製造好幾代的原型和試驗模型，而是打算直接打造飛航組合件。沒剩下多少時間了。這種儀器的組成含一組彎曲扁平管，供太陽風離子或電子穿梭飛越，末端還有偵檢器。電子電路把單一離子或電子的微弱信號變換成計數數量，包括不等能量粒子之個數，以及（就離子的情況）電荷質量比。就一般而言，我們都自行設計管子和電子元件，至於偵檢器則向專業廠商採購。依行事曆，我們的最高優先事項是立刻訂購偵檢器。拿到成品得花一些時間。首先，我們必須就零件規格和價格取得共識，接著還得處理一堆文書工作，從海外訂購零件，就如我們之前使用德國一家小型公司的先例，最後才能下訂單。我們提議多付一些錢請他們提前送貨，不過德國廠商霍斯特（Horst）手頭有好幾張訂單等待處理，而且那家公司只有兩人負責營運。

幾週過後，偵檢器終於來了，然而當我們測試時，兩件卻都不靈光。我們苦思數日不得其解，最後打電話給廠商。他想不透，最後指示我們再下單訂購，而且答應在德國多加測試，確保新的裝置有用之後才會寄出。我們訂購了，結果八週後送達時，我們發現新品同樣不靈光。

當時已經過了該把儀器送往太空船的期限，而且距離發射也剩下不到一年時間。這件儀器完全沒有作用，而我們卻根本不知道偵檢器的問題出在哪裡。更糟糕的是，這件儀器負責控制集中器電壓，並指揮各組太陽風收集器。沒有偵檢器和這件儀器，我們的任務也沒了。

我們又花了許多鐘頭，眉頭緊鎖和德國廠商講電話。他告訴我們，他可以再製造幾件偵檢器，不過要花點時間。他的小型生產營運設施正搬遷到一棟新的建築。夏天就要來了，他的技術人員期盼依照歐洲慣例度假一個月。我們又哄又騙，還提高價碼，結果充其量只能得到提前一、兩週交貨的些許慰藉。同時我們也研究其他幾家廠商，不過各家廠商都沒有相同尺寸和輸入特性的偵檢器。要使用其他廠商，就必須重新設計整件儀器。沒有人曾經在一年之內從零開始設計、打造、測試一件儀器並發射升空。我們決定把指望寄託在德國供應商身上，冀望最後能夠得到一批能升空的偵檢器。

新的偵檢器終於來了。我認定我們完了。這些製品和先前兩批不一樣的機會能有多高？巴勒克拉夫把零件搬到試驗艙，安裝妥當。測試得進行一整夜。隔天早上，巴勒克拉夫從實驗室回來，臉上綻放笑容。零件可以使用，沒時間可以浪費了！偵檢器裝進儀器，很快做完整套測試。前面那些部件為什麼一直不靈，至今依然是個謎。

其他事項就比較沒有波折。我們製造完成監測器，所有三件儀器都通過交件審查。監測器栓上太空船，做了就位測試。集中器送交詹森太空中心，和其他太陽風收集器整合妥當，接著整件裝入艙體，最後還得靠這個太空艙返回地球。我們向儀器道別，靜候發射。

第 5 章 超越月球凱旋歸來

卡納維爾角（Cape Canaveral）的天還沒有亮，那是起源號發射窗口的第一個早上，二〇〇一年七月的這段窗口為期兩週，這時天體力學（就這次而言是地球的傾斜情況和月球的位置）容許成功發射。我在前一晚來得遲了，還沒有機會看到那枚高一百二十英尺，就要把起源號射上天空的閃亮火箭。

那時我正坐在出租車裡面，靜靜等在警衛大門旁邊。我本該上航太總署電視接受訪問，結果安全警衛卻登不進他的電腦，沒辦法核對我的名字，也不能讓我進入。起源號多位靈魂人物都已經報名，在發射日全天接受全國各地新聞台訪問。我排在早上第一輪卻陷入這種處境，卡在營區大門。晨曦深灰天色轉成地平線上粉紅漸層光彩。時間分秒流逝。

一輛車子停到我的旁邊。那是瑪莎，噴射推進實驗室精力旺盛的媒體關係專員。她和警衛簡短交談幾句，確認我的困境，接著就前往媒體中心取消最前面幾場訪問。我答應盡快趕到。到了七點半，訪客通關中心終於開了，通行證在手，我呼嘯衝過警衛室向媒體中心疾馳而去。中心設在一處小型拖車屋裡面，座落在太空梭發射台的公共看台旁邊底下。

我一走進門，只見瑪莎和一位助理擺出手勢，要我坐到攝影機前照明區內一張椅子上，我腦中不斷斟酌該講什麼、該怎樣講。不到一分鐘訪問就要開始，不過她說今天不發射了。為什麼？我不知道出了什麼事，又該如何發表談話？瑪莎答應再多了解情況，她只知道有某個部份需要再做檢測，至少在往後兩天是不會發射了。下一場訪問只剩幾秒鐘就要開始，想打退堂鼓也來不及了。助理忙著把麥克風別上我的襯衫，把耳機塞進我的耳朵，接著我聽到遠方電視台一位技師確認他收到影像。他很快做了一次試音，接著確認我的姓氏發音（「溫斯」），我在這項專案的職務，還有我的出身。我聽到另一位技師開口，「再五秒鐘進場。」我對著攝影機的厚重鏡片微笑，設法放輕鬆。

片頭音樂淡出，主持人開始進入主題，「今天上午原來應該有一項無人太空任務發射升空創造歷史。起源號任務會開創歷史先河，成為第一艘超越月球軌道並返回地球的太空船。這裡是卡納維爾角，我們請到洛斯阿拉莫斯國家實驗室酬載專家羅傑．溫斯博士，為我們簡單介紹這趟任務。溫斯博士，這趟任務要進行哪些作業，還有為什麼叫做起源號？」

我簡單回答，解釋我們希望捕獲太陽風粒子並攜回地球進行分析，由此更深入了解太陽系的起源。

主持人的聲音再次響起：「現在我們聽說這趟任務要延後幾天。問題嚴不嚴重？什麼時候才能升空？」

我的聲音在耳邊響起，「航太總署希望完全確定所有項目在發射時都處於絕佳狀態。由於出現某種資訊，我們希望檢查太空船一處部位，不過我們不認為這有什麼嚴重。目前已經重新排定在週三發射，而且我們有理由相信任務肯定能成功。」我的聲音顯得很有自信，即便我不明白出了什麼事情。

最後一題答完之後，我露出微笑，這時攝影機前端的紅燈熄滅，表示訪問結束。瑪莎和那位助理進入照明範圍，肯定我的表現。她們搬動太空船模型，挪到我背後擺好，準備下一場訪問。往後一個小時，從加州到東岸的多家廣播電台和電視台對我進行一場又一場的訪問。接下來一整天，起源號團隊的其他多位成員也紛紛受訪。

瑪莎在各場訪問空檔取得更多資訊，得知發射作業為什麼延遲。另一趟太空任務有個電子零件在歐洲進行輻射試驗，採行的程序和美國使用的試驗步驟大為不同，結果零件沒有通過試驗。然而，起源號恰好就有一件完全一樣的組件。幾個月前任務籌備期間，我們在美國進行的試驗還得再徹底查核，此外還決定由我們再做一次備份件試驗，這約得花三天。試驗在排定發射日前一天已經開始，所以升空還得另外推遲兩天。

☆

從籌備到發射這兩年期間，並不是一切事情都進行得非常順利。為了省錢，太空船製造廠決定不向經驗豐富的廠商採購星體追蹤儀，卻把那件太空船導航關鍵儀器發包給加拿大一家突然竄起的公司。星體追蹤儀是用來準確判定太空船的方位，追蹤儀失靈，太空船也就沒了。那家承包商努力符合他們同意的規格要件。隨著預定交貨的日子近了，那家公司依然努力奮鬥。專案主持人最擔心的是，一個低成本部件拖住整個計畫，到頭來反而多花好幾千萬美元。倘若那是一家美國公司，航太總署和太空船製造廠就會派遣專家協助完成產品。然而就航太硬體開發方面，對外國業者提供協助卻有非常嚴格的限制，所以起源號團隊也只能更頻繁要求進度報告。最後零組件終於交貨了，延後超過一年，不過一旦上了太空就表現很好。

在這段期間，航太總署對於不到兩年前的火星氣候探測者號（Mars Climate Orbiter）和火星極地著陸者號（Mars Polar Lander）兩次失敗依然耿耿於懷。建造「更快、更好、更便宜」

太空船的構想也有不利的一面。為了確保起源號絕對沒有潛藏類似倒霉的火星任務等級的問題，航太總署在一九九九年舉辦一系列「紅隊」審查會。這種審查會大半側重檢討飛航關鍵硬體，好比導航和重返機具。

審查會在好幾座都市分別舉辦，延攬約一百位審查員，為期好幾天。起源號通過審查，沒有發現重大問題。不過正當我們接近最初排定的二〇〇一年一月發射日期，航太總署卻希望確保團隊並沒有匆忙趕工。於是總署多召開一次審查會，並決定為保險起見把任務推遲。下一次適合升空的空檔是六個月後，在七月間。

儘管我們都很失望，大家卻也總算得到迫切需要的休息。不久就到了發射整備就緒審查時間，這是針對所有太空船小組的強制會議，在發射前一個月召開。那是我第一次來到佛羅里達。抵達奧蘭多（Orlando）並沿著又長又直的海灘線高速公路（Beachline Expressway）開到海邊之後，我就來到可可比奇城（Cocoa Beach）遊走探索。這處小城流傳許多太空人傳說，於是我照單全收。許多餐廳和禮品店都陳列發射照片和太空人的照片，多數照片都有親筆簽名。有些地方還有短文介紹太空探險家和他們的習慣。這整套太空人紀念品項、衝浪板和海灘裝結合起來，構成一種很有趣的裝飾組合。我一邊懷想從這裡發射上太空的那群人，一邊提醒自己，我們的載具同樣要進行一趟歷史性任務：第一艘超越月球軌道並返回的太空船。

隔天上午，我開車進入複合廠區參加審查會。我要去的是行政大樓區，和發射台群相隔十分遙遠，不過我在路上某處轉錯彎。卡納維爾角是很大的地方，我沿路迅速前行，計算聳立遠方的發射台數量，一時之間，其他事項我全都沒注意。我繞過一個轉角，接著就開始納悶自己身在何處，眼前就是一座龐大的發射台。台上安置一艘太空梭，配備閃閃發亮的外掛燃料箱和固體助推器。現在我知道自己來錯地方了！我在杳無人跡的道路迴轉，注意到正前方就是檢查哨，還停一輛官方模樣的軍車。我終於來到審查會場，在靠後排找位子坐下。那趟旅程的其餘部份都沒什麼波折。

☆

一個月過後，就在我們等待第一次延期（那次訪問之前我才聽說的追加輻射試驗）階段過去，一場熱帶風暴也開始席捲墨西哥灣。這場騷亂預測將於新的發射日稍晚開始侵襲卡納維爾角，而且預測排定發射時間的覆雲厚度也會超過安全範圍，航太總署鐵了心，決定為三角洲二號運載火箭（Delta II）注入燃料，期望起源號能擊敗風暴。我們沒辦法把發射時間提前，因為地球的方位每天只有在靠近正午一段一分鐘期間才適於發射。不過，雲層說不定會延遲，我們希望時間恰好足夠讓起源號升空離地。

長期倒數計時從週二深夜開始，延續一整夜。預備作業如加注燃料等事項，也在倒數進行的同時逐一進行。上午，貴賓訪客（包括我的家人和我）都由巴士送往距離火箭兩英里外的參觀位置。我們這個團體包括所有曾經從事這項專案的人，從火箭工程師到導航人員和經理主管，還有我們這群製造酬載的人。那是一次盛大的重逢，連我們那家矽晶圓合作廠商（太陽風收集器供應商）的熱情連絡人也在現場。其他觀眾在堤道和公共停車場排成人龍，情緒逐漸高漲，從露天看台透過佛羅里達霧霾遙遙望去，可以見到遠方那枚細長高大的火箭，一股白色蒸汽從火箭主節液態氧排氣孔釋出。一架直升機從上空飛過。

倒數繼續進行，剩不到一個小時了。高雲開始退讓給更厚的較低雲層。時鐘走到剩四十五分鐘，接著三十分。潮濕空氣開始有沉重的感覺。貴賓區揚聲器宣布，雲量確實變得太厚了。倒數又繼續十分鐘，期盼雲破天開，不過接著就終止了。群眾發出一陣失望聲。我們慢慢拿起自己的東西，排隊回頭搭巴士。

由於熱帶風暴作梗，沒辦法把發射日期遞補到往後幾天。後來又試了一次，結果也被風暴尾掃到，因為大風取消發射。我們的家人趁待在佛羅里達這段時間，冒雨去了一趟迪士尼世界，接著我們才無可奈何地回家。

所幸，發射期延續將近兩個星期。風暴過去之後，起源號在一枚享有較高優先權的軍用衛星離地之後也獲准升空。最後在八月八日，火箭在晴朗藍天下又一次準備妥當。這次我是在洛斯阿拉莫斯，和起源號團隊一起盯著電視監視器。倒數完美無暇順利進行。再一分鐘就要發射時，氧氣排氣閥閉合，讓壓力逐漸累積。這時火箭每隔幾秒就從洩壓閥噴出一股蒸汽，模樣就像一條體態修長，蓄勢待發的巨龍。倒數進行到零，環繞主節的固體助推器組點燃，火箭沖天而起，脫離發射塔。一切順利進展，時間一秒秒過去，接著第一分鐘過去了。載具從視野消失，監視器轉到從火箭側邊朝下拍攝的攝影機畫面。第一、二節拋墜之後，火箭飛繞地球背側，隨後再點燃第三節，推動加速朝太陽飛去。最後第三節也投棄了，太陽電池板展開，遙測裝置也開始向地球回傳波束，報告發射完全成功。

起源號動身踏上往返行程。

☆

發射過後一個月：

「任務主持人下達指示開啟艙體。」

「酬載主任也指示進行。」

「指令就要發送到太空船，倒數三秒。三、二、一，啟動！」我們透過電話線，專注聆聽噴射推進實驗室和丹佛太空船航務管理室的對話，看著我們的同步電腦螢幕，等待艙體開啟的確認回報，同時也代表我們的任務進入下一個階段。螢幕上滿是數字和縮略詞，突然之間，兩個指標轉呈紅色高亮顯示，點出改變的項目。

「我們收到確認，艙體已經開啟。」我們滿堂喝采。我在腦中見到，在遙遠的太空深處，太空船像芭蕾舞者那般緩慢螺旋，完全是《二〇〇一年太空漫遊》（*2001: A Space Odyssey*）電影的景象。艙體蓋掀開之後，螺旋會減速並開始擺動。倘若一切按照原訂計畫，擺動情況就會在往後二十四小時消除，太空船就會恢復平順螺旋。

依任務規劃必須在發射一個月之後，趁太空船仍在航行途中，還沒有來到朝太陽一百萬英里外的半安定定點之前就掀開艙蓋（「蛤殼蓋」）。我們得等到前一艘大型太空船機動操作過後幾個月，才會把收藏在防護筒內的太陽風收集板暴露出來，這樣才能完全避開受到燃料汙染的可能性。

兩天之後，我接到伯內特來電，他的聲音顯得很緊張。「艙體過熱。有可能非常嚴重，」他說。起源號是航太總署自從阿波羅時代以來，頭一次打造的地球重返太空艙。它帶來一項很特殊的熱量挑戰，因為艙體背側塗敷一層很厚的橡膠碳聚合材料協助它熬過重返作業，而面朝太陽的艙體前側則採金屬質材料。這種燒蝕性材料能為艙體背側隔熱（效果好過頭了），而前側則像暑熱夏天被曬燙的汽車引擎蓋。為應付這種溫度問題，我們用一種特殊白漆，塗在陽光照射那側，太陽風收集器遮擋不到的部份。此外，樣本防護筒沒有露出來的那面，也上了白漆。然而我們在往後幾週就會發現，白漆並沒有發揮作用。毫無功能可言。

略做商議之後，我們決定重新關上艙體，幾乎完全封閉起來。我們有幾個月時間來決定該怎麼做。對溫度最敏感的組件，看來就是負責在艙體回到地球開啟降落傘的電池。根據工程師的說法，這顆電池的熱量上限應該就是略高於室溫。艙體已經加熱到那個溫度，倘若我們又掀開艙蓋，過沒幾天就很可能過熱。

沒有人感到開心。太空船大可繼續快樂航行，只要艙體保持閉合就行了，但是我們就永遠收集不到樣本。不然，我們也可以收集樣本，但是沒有好電池來開啟降落傘，就別指望能夠讓艙體毫髮無損回到地面。

工程師就電池做了研究。他們查清，電池以往從來不曾在較高溫環境進行測試。他們還發現桑迪亞國家實驗室（Sandia National Laboratories）庫藏大批這種電池，於是很快就把存貨全部買下，還另外買一批啤酒冷藏箱。他們把一間辦公室設置成「電池中心」，還在每個冷卻桶中各擺進幾顆電池。他們為保溫箱裝設加熱器和溫度調節器，把箱子當成低溫烘爐來使用。電池在不同溫度下「料理」不等時期，有的數日，有的數週，最後則是數月。不到幾個月後，工程師發現電池其實能夠熬過遠比早先設想更高的溫度，幾乎達到開水沸點，而且能夠耐受長久時期。得到這筆資訊之後，我們就能依循表定日期，在幾個月後展開樣本收集作業。感謝工程師在最後一刻投入測試，我們的任務得救了。

二〇〇四年四月二日，經過二十七個月的收集作業，我們關閉起源號的艙體。閂扣固定妥當（能平安回家的一項重要判據），接著太空船的推進器短暫點燃，讓太空船動身回家。起源號太空船的整趟航程繞行太陽超過兩次，始終待在串聯地球和太陽的一條假想直線上頭。工程師在太陽風收集作業期間幾度提醒我們，別超過電池的規格極限。不過我們以伯內特為首的科學家團隊，總能提出高論，說明我們願意接受這個風險。降落傘電池的溫度仍是提高了，最後只差幾度就要讓我們擔心電池開始嚴重退化。不過，這時艙體已經關閉，沒有裸露金屬曝曬陽光，艙內溫度也開始下降。我們寬心了。看來起源號任務終究能夠成功，起碼我們沒有理由質疑不能成功。

第6章 重擊

二〇〇四年九月七日，猶他州達格威地區（Dugway）麥可陸軍飛行場（Michael Army Airfield）主停機棚廠忙成一團。廠外一輛輛電視轉播車架設妥當，發電機啟動運轉。棚廠內部劃分兩大區域。面朝跑道那邊，大型出入口附近停了兩架閃閃發光的直升機。一側牆壁用膠帶貼了地圖和圖表。另一半停機棚廠有一排排座椅面朝講台擺好，台上有一面大型螢幕、講桌，和一張面朝廠房擺放的委員會用桌。這個區域背後有一個小房間，裡面有桌子和電話。媒體代表開始抵達，為隔天的大事預作準備。

航太總署做出一項優異的公關成果。起源號任務計畫納入幾項必要措施，包括重返太空艙，裡面裝了用來收集太陽風的脆弱矽晶圓，還得在半空捕捉，以免內容物受到損傷。多年以來，軍方經常在機密作業使用半空捕獲，不過就民間太空計畫和民眾而言，這倒是令人心驚的創舉。

從達格威試驗場半空勾回起源號艙體的構想，早在一九九四年就已經孕育成型。太空船小組希望艙體能從陸上進入。我們擔心萬一墜入海中，鹽水會汙染太陽樣本，或者更糟的是，艙體或許會沉沒。基於好幾項理由，達格威試驗場是很自然的選擇。首先，那是美國大陸最遼闊的限航空域。這點相當重要，因為太空艙的可能著陸範圍相當廣大。確切著陸地點取決於幾件事情：最後的機動操控、進入角度和上大氣層風勢。就起源號而言，考量這些不確定因素，艙體有可能下降的範圍約為十五乘以三十英里。這種橢圓區域和達格威與周遭限航空域能夠貼切吻合。

其次，那片地區都握在政府手中，萬一艙體衝撞地面，也沒有房子或居民會受到損傷。地勢大體都很平坦。事實上，那裡是一片鹽灘。最後，試驗場架設的來襲物體追蹤設施，絕非地表其他任何地方所能比擬。主要地區稱為猶他試驗和訓練場（Utah Test and Training Range），那裡有超過五十座雷達和光學追蹤站，做為巡弋飛彈試驗用途。在那裡偵測航太總署的太空艙猶如甕中捉鱉，早在它接近試驗場之前就能發現。

計畫如下：艙體依循軍方做法，不使用圓形降落傘，改配備一副翼傘，也就是多數風力運動都使用的那種方形降落傘。一旦直升機機師收到下降艙體的全球定位系統位置並能目視，他就會操控尾隨艙體飛行。接著直升機會追上翼傘，用長竿末端的掛勾捕捉，接著就把艙體載回飛行場，送進一間無塵室進行檢視和拆解。

起源號計畫在提案階段先期就已取得著陸許可。至於直升機回收飛行員，計畫團隊考慮軍方飛行員有可能奉召出勤，於是選擇使用民間飛行員。航太總署和一家名叫飛帝戈（Vertigo）的私營飛航公司簽約，委任代尋最優秀的商用直升機機師。經過多次諮詢，他們一再提起好萊塢特技飛行員。於是最後是克里夫・弗萊明（Cliff Fleming）和丹・魯德特（Dan Rudert）受雇負責起源號艙體回收工作。重返之前數月和數週期間，報紙紛紛刊出「航太總署雇用好萊塢特技飛行員負責回收太空艙」一類大標題。八月一次記者招待會上只有一位機師現身，因為另一位忙著在芝加哥街頭拍攝《蝙蝠俠：開戰時刻》（*Batman Begins*）。在媒體和民眾眼中，起源號艙體回收作業就是發生在最奇特地方的一大盛事。

達格威試驗場有一種遠離塵世的超現實氛圍。你從鹽湖城開車近一小時，穿越詭異的地層和大鹽湖（Great Salt Lake）湖濱的氾濫白色溝渠，隨後轉向南下斯卡爾谷（Skull Valley），接著在往後四十分鐘當中，只會遇上三棟孤立農舍。一旦進入達格威試驗場，道路就會穿過另兩處寬廣峽谷和好幾處檢查哨，最後才直下麥可陸軍飛行場，那裡看來彷彿就是北美洲最荒無人煙的地方。由於植被稀疏，簡便跑道和周圍沙漠簡直無從區辨。

九月八日上午，天空萬里無雲，停機棚廠在太陽昇起時已經擠滿人。最後一項作業已經在幾小時之前在太空中完成：從母船釋出艙體，過程完美無暇。這時艙體獨自飛行，逐漸加速朝地球飛馳而來。抵達大氣外緣邊界之時，艙體的航行速度將近每小時四萬公里。

導航人員先前已經在天空劃定一片號稱「鎖眼」的區域，太空船必須從這裡進入，才能在可容許地帶著陸。倘若起源號在最後機動操控之後，航向並沒有對準鎖眼，進入作業就得取消，太空船也得轉入另一條軌跡，往後就能循徑回頭，在幾個星期之後再嘗試一次。假使起源號能穿越鎖眼，在進入之前仍有最後一道相當棘手的程序：轉動太空船讓防熱盾朝向地球，讓船體像陀螺一般打轉，接著才會釋出艙體。然後以助推火箭把太空船其餘部份送回外太空，避開地球。

艙體和母船在四處地方相連：三處結構連接點，還有一條粗大的電子裝置纜索，這就是在航行大半時期用來向艙體發送或接收指令的管道。這每處附著點，最後都以爆炸螺栓炸開。倘若這當中有任何一件失靈，母船和艙體就會牽絆在一起，晃蕩不穩進入大氣層。最後結果也只有上帝知道了。

還好，起源號漂亮完成操控，看來也不偏不倚朝達格威試驗場中央的理想著陸區飛來。停機棚廠裡有航太總署要人、專案團隊成員的配偶和家人，還有大批記者和攝影機組人員，全都在那裡靜候這件大事。第一架直升機的旋翼活躍起來，接著另一架也發動了，群眾蜂擁擠出室外，到柏油路面觀看起飛。兩架直升機在昂揚歡呼聲中升空。直升機從飛行場必須飛越近三十英里路程，才能抵達預期回收區外圍並在附近待命。一旦起源號的降落傘開啟，確切位置判定之後，他們就會收到進入指令。

結果事與願違。

這段時間我沒有扮演重要角色，而是被奉派到貴賓和媒體機棚區。航太總署的媒體關係專員事前曾告訴我，假使一切順利，我就沒事可做，只需要接受訪問即可。不過我並沒有詢問，萬一進展不順利我該做什麼。直升機抵達待命區，接著他們就該盤旋等待艙體出現，這時我在前排找位子坐下，旁邊是一群群記者和貴賓，聚集觀看一台大螢幕播出實況報導。

看了一段似乎播不完的直升機飛行畫面，場景突然轉向長程追蹤照相機，一個白點出現了，映襯晴朗藍天幾乎無從辨識。群眾興奮喝采。起源號離開地球三年之後，終於再次進入視野，成為有史以來第一件超越月球凱旋歸來的物體。

我想起童年時的模型火箭研究，尋思那項嗜好是否教導我如何應付那天的情況。我們小時候發射升空的模型火箭，完全稱不上完美。許多時候，我們長時間辛勤製作的火箭，最後都由於降落傘失靈重重摔落地面。火箭這樣撞擊地球，多半不會造成嚴重損壞，大致只有一、兩片翅翼壞掉，沾上一些泥土，還有零星幾處凹凸疤痕。另有些情況則是在降落傘開啟之後，火箭卻朝著不當方向飄去，有些飄進我們的小鎮，另有些則飄進樹叢。我的肋骨有一道傷疤，那是有一次爬上一棵愛吃火箭的樹，出了意外留下的。根據這些經驗，降落傘回收在我看來充其量就是受控制的混沌處境。你必須準備好應付一切狀況，那也正是令人興奮的部份因素。

追蹤照相機尾隨起源號艙體，看著它繼續墜入地球大氣。距離更近一些時，翻滾動作也進入眼簾。畫面持續超過一分鐘後，音訊聲音終於響起，冷冰冰地說明，「沒有阻力傘，沒有降落傘。」聽眾開始竊竊私語。翻滾艙體影像愈來愈清晰，於是特徵也歷歷可辨。從我們開始見到艙體，四分半鐘過去了。這時沒有人歡呼了。一個聲音響起，「就要撞擊，」地平線馬上出現在鏡頭背景。接著畫面消失。

群眾發出一陣令人不快的喘息。「確認撞擊，」音訊響起一個聲音。一位直升機機師沒有完全了解狀況，用無線電請示高度。回覆報告艙體在地面高度發生撞擊。幾秒過後，畫面映出破損艙體側躺在沙漠地表。停機棚廠內一陣短暫騷動。洛斯阿拉莫斯地方新聞記者羅傑・斯諾德格拉斯（Roger Snodgrass）衝到前面詢問我，他這一起頭，其他記者也同樣判定，在這個片刻我就是這起事件的權威，不到幾秒鐘我就被至少二十支麥克風和攝影機重重包圍。

這或許是從「邪人」基尼維爾（Evil Knievel）騎著火箭動力摩托車，嘗試躍過斯內克河峽谷（Snake River Gorge）以來最精彩的災難劇。這具太空艙是我的寶貝，我努力了十四年就等這一天，讓我成為媒體的焦點。記者想要知道我對這場慘劇的看法，我對這次慘重損失有什麼責任，還有我打算怎樣處理。然而我第一個反應卻是回顧我們如何在十年前就為這種可能下場預作規劃，以及我們的計畫在此時會發揮什麼作用。我們還考慮其他幾種可能性，譬如太空船消失在太空中，或者艙體可能在重返時出錯，殘骸遍布好幾百平方英里，就如哥倫比亞號太空梭在短短一年之前遇上的結局。或者艙體也可能墜毀在試驗場附近山巔，粉身碎骨化為數百萬無用殘片。依我們一路來的討論、規劃種種災難類型看來，這種情況算是中等結果：我們的樣本就擺在地上，卻已經破損、弄髒了。我們會動手處理。

不過媒體對我的安撫說詞不感興趣。他們看到一次恐怖墜地事件，希望盡可能誇大渲染這場慘禍：「這種結果不應該出現吧？」「你見到太空艙撞擊地面時，心中有什麼感受？」「航太總署能不能從這個殘骸取出任何東西？」「在航太總署看來，這算不算又一次慘禍？」我向所有人擔保，這次和火星墜毀事件並不相同。樣本可以救回來做分析，這種可能結果我們已經預作規劃。不過問題依然一道道提出，愈來愈難回答。顯然新聞媒體想要把這次墜毀描寫成一次慘敗，不過我決心不讓他們有機會那樣報導。禮貌拉鋸持續約十分鐘，這時噴射推進實驗室的一位媒體關係專員前來解圍，其餘訪問必須等到官方記者招待會之後才能繼續了。

在這期間我設法了解回收小組的狀況。貴賓機棚位於沙漠跑道一側，管制中心和艙體的終點站則位於另一側。我向我的車子跑去，部署在場區建築周圍的安全警衛看來都很沮喪。

我進入車內，瞬時不禁潸然淚下。我在腦中迅速回顧記者提出的種種評述和問題。是的，這是一場災難。這是一件可怕的事情，這種發展不應該出現，我的心碎了。我知道，我們仍然可以從起源號得出結果，然而，所有人都說那是一場災難，我也認為他們說得沒錯。

到了管制中心，我急踩煞車，下車跑到裡面，及時趕上回收小組。大家正從緊急套件包取出鏟子、防水布、照相機和手套。回收小組動身前往墜落現場，結果卻被叫回來開計畫會議。軍方護衛直升機在現場降落，幾個人開始從短距離外檢視艙體，仍是戒慎小心，防範早該擊發展開降落傘，卻沒有引爆的火藥裝置。

回到機棚，一場記者招待會倉促召開。攝影機準備好要開拍了，任務主持人卻不見蹤影。伯內特覺得降落傘電池逼近溫度極限是自己的錯，沒有心情公開現身。他害怕追究這次失敗的責任，無法想像自己公開講些安撫的話，然而內心深處卻認為那根本是自己的錯。

事實上，太空船小組已經針對墜地事件預做規劃。最重要的應變措施之一是，每片樣本收集晶圓的厚度都完全不同。於是一旦晶圓碎裂，就能從碎片的特有厚度來辨識歸屬。這是一項重要的細節，因為經過這等規模的撞擊，沒有晶圓能保持原位。記者招待會開始之時，組員也動身前往墜落現場。

回收小組開始做粗活來收拾殘局。第一個動作是拆除早該展開降落傘的爆裂裝置。降落傘艙已經破開，因此沒有費多少刺探功夫就把導線剪斷，這步完成之後，小組仔細觀察艙體，設想最妥當的搬動做法。

艙體整個從側邊撞地，幾乎分裂成好幾個部份。負責在重返作業最高熱階段保護艙體的防熱盾，大半已經從艙體脫落。頂部降落傘艙也同樣將近破裂分離。艙內防護筒已經裂開，部份太陽樣本碎片甩出艙外散落一地。

小組一次取下一段艙體，盡可能小心保護樣本。降落傘艙首先卸下，接著是防熱盾。裂片全都裝上一台模樣很可笑的車輛，叫做「泥狗」（mud puppy）。泥狗又像坦克又像卡車，用來運載設備進出泥濘鹽灘。最初幾段移除之後，小組就能見到樣本防護筒的全面受損程度。

艙體各處外層部位移除之後，小組拿一張防水布，小心鋪在暴露艙外的樣本防護筒旁邊，接著才開始把防護筒搬上防水布。那個防護筒和人體等重，得動用好幾個人才抬得起來，小組在整件事物底下又墊了一塊防水布，然後抓住邊緣把擔架抬到待命的直升機上。好幾位組員繼續待到天黑，在衝擊撞出的小坑中篩濾，撿拾樣本收集器的殘留碎片，還有受損飛船的殘骸。

回收小組先前已經回報，他們找不到集中器的標靶，那是最重要的收集器之一。我不確定是小組不知道該到哪找呢，或者那件收集器真的不見了。我待在管制中心直到覆蓋防水布的防護筒送回來，不過還等不到目睹那件毀壞的部件拆開，我就先開車回到鹽湖城。當晚我惡夢連連，煩惱珍貴的標靶到哪裡去了。

隔天上午我奉派查明集中器標靶的下落，上天下海都得找到。我前往檢視防護筒，先前到墜落現場處理的技術人員警告我，「看到那幅景象，你不會覺得好過。」拆解作業從頭到尾，我始終覺得自己像在處理開了好多年的汽車殘骸。那件事物確實並不是活的，卻肯定是家庭的一員。

防護筒上下倒置，依然擺在防水布上，蛤殼蓋上下兩部份之間開了一道幾英寸寬的縫隙。我可以看進裡面，只見黃金鍍膜集中器就夾雜在殘片當中。集中器沒有變形，不過筒內構造亂成一團。平常那片標靶是位於儀器中央，面朝背側的反射鏡，不過衝撞力量把筒內構造全部推到一側。我們只能用手電筒和反射鏡，透過縫隙看進裡面。幾經嘗試，一位同事把反射鏡擺放妥當，我們這才看到標靶樣本。我們鬆了一口氣，整個組配件幾乎完好無缺，沒有損壞！這是奇蹟。我們繼續認出其他幾片沒有破損的樣本收集器，其中有一大片金箔，用來進行最高優先科學要項之一，還有幾件依然位於原有陣列架設位置的脆性收集器。

這時又召開一次記者招待會，讓媒體知道我們找到一些狀況良好的樣本。這次悽慘悲劇引來民眾注意，記者很樂意追查這條大新聞，繼續從墜落現場提供報導。媒體總是很想報導極端消息，也樂於從新的角度來勾勒這起重大成就。當然，完整情節還沒有浮現，這得再過好幾年，等樣本分析真正完成並判定科學成果（這趟任務的真正目標），到時才能得知全貌。任務成敗最終仍得看原本期望的目的是否達成才能裁定。

艙體著陸之前，回收小組花了好幾週時間，在簡便跑道附近一棟大型建築裡面設立一間無塵室。建立無塵室的目的是為樣本防護筒進行運送休士頓之前的準備作業，最終那批樣本就會存進那裡的一處安全設施，儲放在月球岩石旁邊。不過那間無塵室也是應變設施，以防必須在猶他州進一步作業。這時我們慶幸有那處設施。

當最後一片殘屑從墜毀現場拿走，防護筒外部損壞也經過評估之後，回收小組便安頓下來，專注處理開啟樣本防護筒並取出樣本。切開防護筒之前，小組首先去一趟工業五金用品店，購買螺絲切斷器、鉗子、輕型電動工具和撬棍，有許多都不是工程師和技術人員熟悉的工具，噴射推進實驗室加派一個人來指導小組進行「拆解」。最後這支隊伍便固定採行一套程序，先把能碰到的樣本全部取出，接著辨認下一片或下一層殘骸並予移除，我們找出最脆弱的定點，從這裡切開，接著或剪或鑽並把它拉開。隨後整套過程又重新開始。樣本一邊取出，另一組人馬也逐一登錄並封進容器，等候運往休士頓。

我們把墜毀起因拋到腦後，專注處理眼前工作，竭盡全力回收樣本。

事發三天之後，太空船團隊一位領導人來找我，他的神色比這種情況下常見的表情還更陰鬱。他把我拉到一旁，透露他的工程師已經發現墜毀的原因。他口中吐出的第一句話是：問題不是出在降落傘電池。伯內特和科學小組可以脫罪了，這場災難並不是由於我們希望用上所有收集時間，逼得太緊才自作自受。我感到如釋重負。接著他繼續告訴我原因：航空電子組件出了錯。降落傘展開作業是由加速度計組負責，在重返階段感測艙體加速度便開始運作。這些組件應該啟動定時器，接著延遲適當時段就該展開降落傘，結果加速度計卻裝顛倒了。兩具都是！設計圖樣畫錯了，所有測試和審查（連一九九八年兩趟火星任務失敗之後追加的那次審查在內），全都沒有看出這個問題。

同一家公司還建造另一個太空艙，預計在兩年內攜帶彗星樣本重返地球。慶幸的是，儘管星塵號太空艙內的航空電子組件和起源號使用的幾乎一模一樣，但它的加速度計組卻都裝對了。不會重演起源號墜毀事件。

第7章
敗部復活

太空艙墜毀，樣本防護筒回收之後，我們的士氣也潰散到低點。然而，隨著更多樣本找到並回收，我們的精神也不斷振作起來。情況就像一個小孩在派對上見到埋藏滿滿寶貝的沙坑。每找回一件寶貝，無塵室外的團隊成員就擠在窗口齊聲歡呼。基地司令官也一樣，當某件特別重要的碎片就要取出的消息傳到他那裡，連他都會過來。顯然起源號熬過了那次墜落，而且從科學角度來看，這趟任務或許仍有其價值。當然，墜地也造成一些後果。樣本分析花費的時間，遠比當初的計畫更久。還有一些後遺症，不單是由於樣本碎片都很小，還有墜地現場汙染所致，連飛行期間也有汙染現象。當初建造太空船的時候，工程師已經建置防護措施，來應付這種汙染，不過在太空真空環境，許多材料都會放射蒸汽，到頭來就有可能凝結上乾淨的表面。儘管面對這些挑戰，樣本經充分清潔之後，終於可以進行測量和檢驗。

起源號的主要目標是測定太陽的氧同位素比。＊回顧一九七〇年代，科學界開始測量隕石和新近取得的月球岩石的同位素比。當時發現，不同行星物質所含多數元素的同位素都不變。然而，不同隕石（源自不同小行星的岩石）的氧同位素，卻出現可觀的變異性。從這裡我們有可能得知太陽系哪些相關內情？三十多年來，氧同位素差異現象的起因，依然是個謎，宇宙化學家開玩笑表示，這個答案是太陽系的聖杯。

科學界推出好幾項理論，來解釋氧變異現象。一項理論推測，太陽系是以塵埃和氣體構成的原料形成的，其中塵埃具有一種氧同位素組成，氣體則具有另一種。由於兩種原料並沒有完全混合，到頭來太陽系不同星體的含氧成分也就不同。第二項理論推測，太陽系形成早期發生了化學反應，導致部份隕石的氧同位素組成有別於地球和太陽的組成。兩項理論都預測，太陽的同位素組成和地球的情況應該非常相符。

還有個第三種理論就罕有人知，到了起源號飛行途中才重現生機。該理論推測，早期太陽發出的紫外線觸發一種化學反應，導致稀有同位素（氧17和氧18）在行星形成範圍佔據主導地

＊同位素是同一種元素的不等原子質量變異形式。舉例來說，氧有三種同位素：氧16、氧17和氧18。我們呼吸的空氣中的氧原子多半是氧16，不過仍有少數原子是氧17和氧18。這些同位素的比率，可以告訴科學家有關該物質歷史的重要細部內情。

位。這同一種反應也會澤及比較常見的氧16，不過由於太陽附近有相當多的氧16，因此能影響這種同位素的紫外線全都會被吸收，這種作用和地球大氣的臭氧屏蔽大致相仿，有了臭氧，我們在海平面附近才不會很快被陽光曬傷。這項理論的預測與眾不同，認為行星所含稀有同位素遠超過太陽的含量。

起源號團隊預期太陽風含氧的測量作業會很困難，因為這種元素普遍見於地球上的所有物質。當初特別設計太陽風集中器並隨船飛行的用意，就是為了提高我們取得充分氧氣，凌駕背景信號的機會。此外還有一款特殊的實驗室儀器，也在加州大學洛杉磯分校凱文．麥克基甘（Kevin McKeegan）的指導下製造完成，用來分析我們的樣本。這台機器把兩種常用分析儀器結合為一，變得相當龐大又令人印象深刻。它能從樣本收集器抽出離子並以磁體分離，接著加速到一萬六千伏特，發射穿透一張超薄箔片，隨後才終於分析出同位素比。那台機器重達數噸，佔滿一個大房間，離子的飛行路徑順著機器周圍環繞。

由於這項測量相當重要，加大洛杉磯分校團隊採取多重預防措施，確保新儀器準備完全就緒，隨後才把起源號的珍貴樣本擺進去動手處理。他們以演練樣本執行好幾次預備運轉之後才覺得安心，可以拿實品進行。

☆

二〇〇八年三月九日，德州休士頓，太空艙墜地之後三年半：我在鬧鐘響起之前就醒過來。日光節約時間第一天，晨曦才剛開始為天空染上暈彩，也照亮我的旅館窗戶。我不斷夢到太陽。這幾個月我一直聽說，加大洛杉磯分校的幾位朋友，測量太陽的氧同位素已經有些進展。兩天前他們才發電郵通知我。結果相當明確：太陽的氧和地球的氧完全不同。測量結果顯示，稀有同位素嚴重貧乏，和紫外線屏蔽理論（ultraviolet shielding theory）的預測完全相符。麥克基甘打算今天上午在休士頓的起源號會議上報告這點，接著隔天再向科學界發表。這是令人振奮的消息。把太陽尺寸數千倍於地球之實際考量在內，我們地球人是成分異乎尋常的一群。

這些新結果可以為理論學家帶來大量值得玩味的材料。當我們試著了解複雜如太陽系起源之時，科學家必須先澄清許多個別細節，才能看出比較宏大的圖像。科學進步多採跳躍啟動方式推展：理論會由於缺少證據停滯不前，有時擱置多年，接著突然之間，新的資料出現，短時間內就成就重大進展。起源號得出的成果，便構成這樣一種跳躍。

就我來講，重點在於，起源號畢竟還是把它的任務完成了。我說對了，當初我在艙體墜毀時就告訴記者，我們還是可以完成測量工作。那種感覺很棒。

簡短用完早餐之後，我走出去開車。青草和車窗上都結著很重的露水。週日大清早相當寧靜，城裡看來幾乎杳無人煙。我從旅館出發，開了短暫車程，前往休士頓大學淨湖分校（University of Houston in Clear Lake），來到會議舉辦地點。停車場空無一物，鄰近樹叢傳來鳥鳴在空中迴盪。

太陽才剛昇起，橙光從鄰近河口薄霧透射過來。我停下觀看太陽攀升超過樹頂。等它完全進入視線，我意味深長地看著它許久。在我心中，太陽似乎變得遠遠更為熟悉了。有史以來第一次，我們知道它有哪些祕密。我們知道。

☆

起源號任務繼續披露太陽和太陽系的更多相關祕密。氧測量完成過後數年，加大洛杉磯分校和法國的科學家，使用集中器標靶來判定太陽的氮同位素組成。結果令人詫異，他們發現太陽和地球的氮同位素比（氮15和氮14之比），差別甚至還更搶眼。就像氧氣，地球的稀有氮同位素濃度也比太陽的數值更高。

起初我們並不知道該怎樣說明這種現象。這種作用和我們測量氧氣時見到的相同嗎？到最後，零碎片段開始拼湊出全貌。由於化學特性使然，氮比氧更容易受到（最早在研究氧時注意到的）光化學自屏蔽作用（self-shielding）的影響。如今起源號團隊還投入研究太陽系其他氣體（可能是碳或硫），是否也同樣受到這種影響。

我們從敗部復活，這些結果正是我們當初為這項任務努力多年的初衷。儘管結果並沒有在報紙上大肆報導，不過那時我們心中篤定：我們的任務成功了。

當初我投入起源號工作的時候，自己並不知道，對我來講那還只是開端。我在童年時期對火星那麼感興趣，最後還證實果真是先見之明。火星之旅還等在後頭，而且不是什麼隨便的行程，那是史上最壯闊的行程。

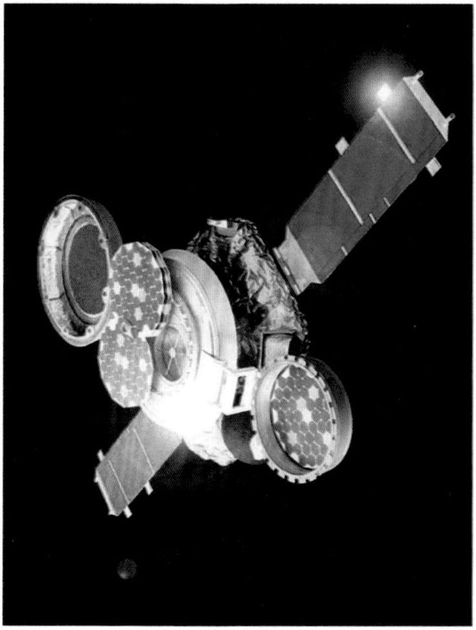

藝術家設想起源號太空船展開收集器的景象。直徑五英尺的艙體，安置在太空船主體頂部，艙蓋位於左上方。六角形太陽風收集器列置於一疊四片圓板表面，還有樣本防護筒的筒蓋內面，如圖右下方。黃金鍍膜集中器位於圖示中央。（NASA/JPL）

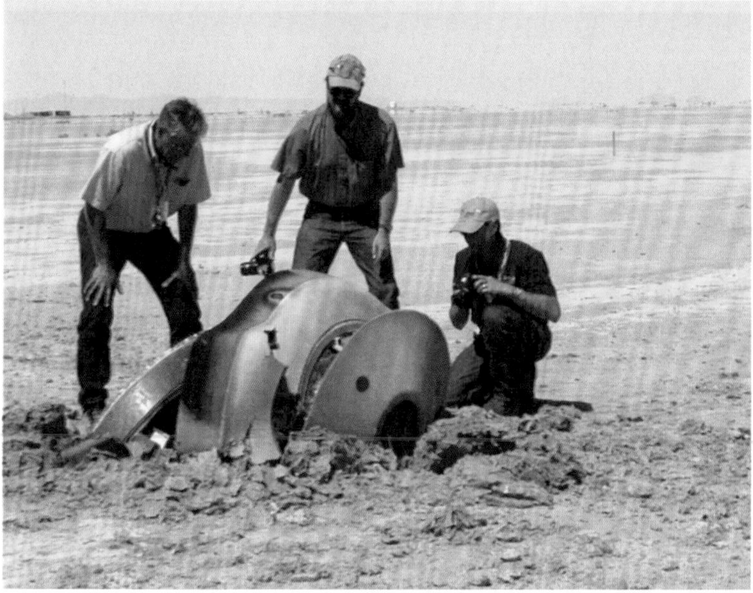

起源號墜地現場，位於猶他州鹽灘。艙體以兩百英里時速從側邊觸地。（NASA/JSC）

好奇號漫遊車在火星上留影，桅杆上白色儀器防護箱內裝的是化學相機。這幅影像由裝在漫遊車機械臂上的火星手持透鏡成像儀相機拍攝，這時透明防塵套仍在原位。（NASA/JPL-Caltech/Malin Space Science Systems）

圖示增強色彩影像是好奇號的目的地，位於夏普山腳一處峽谷入口。影像由桅杆相機一百毫米遠距攝影成像儀，在布拉德伯里著陸站拍攝，影像中所見最遠地點在十英里外。（NASA/JPL-Caltech/Malin Space Science Systems）

第II篇

前進火星

第8章
雷射和漫遊車

一九九七年七月，我尾隨戴夫・魁瑪斯（Dave Cremers）走進洛斯阿拉莫斯實驗室一棟老舊建築的背側房間。那個地方看來就像是用煤渣磚蓋的，而且是在一九五〇和六〇年代好幾個不同時期分段蓋起來的。那裡幾處角落都推滿書本，所有平坦表面都擺滿儀器、透鏡或光學架座。檔案櫃看來就像長了嚴重粉刺。後來我才發現，那批櫃子曾被拿來練習雷射打靶。房間一端有個小小的新奇裝置，架在一個類似望遠鏡架台的東西上頭。那件裝置含一具雷射，大小如雪茄，還有一架小型望遠鏡，兩邊併齊列置。雷射勾住一個小型電子裝置盒，盒子一端有一顆細小的九伏特電晶體電池吊掛在外面。房間另一端有一個沾滿灰塵的平台，上面擺了一顆岩石。

我在幾個月之前才在洛斯阿拉莫斯落腳，而且想出一個點子，想運用雷射來探究月球和其他無空氣星體的表面。我的研究團隊成員認為那個構想很不錯，於是我拿到資金來測試那項概念。到最後我的方案並不靈光。不過我由此和魁瑪斯取得連絡，也接觸到一項遠遠更為看好的技術。

我在一旁看著魁瑪斯把電池連上去，摁下一個按鈕。「嗖！」一道看不見的光束射過房間，擊中岩石，瞬間激發一陣閃光。魁瑪斯打開一台光譜儀螢幕，那種儀器能區辨色彩，靈敏度很高，螢幕映現那陣閃光的色彩頻譜。他解釋，岩石的每種元素都各自發出特有色彩，共同組成那幅頻譜。轟擊含不同成分的岩石，就會得出不同色彩組合的頻譜。

這項技術是這麼簡單明瞭，我的想像力也立刻被這種雷射誘發破壞光譜法（laser-induced breakdown spectroscopy, LIBS）攫住了。晚近種種新技術促使雷射和光譜儀微型化，於是，就如我眼前那件新奇裝置所示，我們可以設想一種同類儀器，尺寸卻小得可以裝進一台地外著陸器或漫遊車。而且那項工具的效能還相當高超。許多人都覺得，像這種威力強得能在房間另一邊的岩石上轟出一道火花的雷射，所需能量應該超出一台小型太空船的功能範圍。畢竟，雷射對岩石上的那個小點，發出近一百萬個燈泡的光度。不過那股脈衝為時短暫，只持續幾十億分之一秒。懸掛在那個新奇裝置外頭的細小電池就能證明，心懷質疑的人錯了。

熱線槍是科幻作品一大特色，而且從奧森．威爾斯（Orson Welles）製作主播《世界大戰》

〔*The War of the Worlds*，譯註：廣播劇，改編自赫伯特・威爾斯（Herbert George Wells）的同名小說〕以來就歷久不衰。這項概念遠遠領先一九六〇年代早期才發明的雷射。不幸的是，在科幻迷眼中，早期雷射實在太過笨重龐大，威力也微不足道，辜負了熱線槍的崇高形象。後來雷射演變出形形色色眾多低功率用途，包括從食品雜貨店條碼閱讀機到DVD和電腦硬碟機的激光源。高功率雷射依然多半見於實驗室和軍方研究，尤其在一九八〇年代更是大行其道，起因是美國總統雷根呼籲發展星球大戰飛彈防禦系統所致。到了二十一世紀早期，美國軍方已經擁有一款威力十足的雷射，能在合宜條件下擊落飛彈。有史以來最大規模的雷射計畫案，是設於利福摩爾國家實驗室（Livermore Lab）的國家點火設施（National Ignition Facility）。該設施使用近兩百具雷射，裝設在一棟佔地三個美式足球場的建築裡面，期能以此引發核融合，駕馭能量達五百兆瓦特。

我有些雷射使用經驗。早五年之前，我曾在芝加哥附近的阿貢國家實驗室當客座科學家，那時我和一個小組合作使用激發二聚體雷射（excimer laser）＊和染料雷射（dye laser）從事共振離子化質譜研究。當時我們是想開發技術，用來處理起源號樣本，不過共振離子化質譜方案相當複雜。激發二聚體雷射則相當笨重龐大，能發出光子，波長卻不對。為調節波長，我們必須把激發二聚體射束射進染料室，由染料把射束轉換為我們需要的波長。那種染料是致癌物質，過了一陣子就會失效，於是我們必須調出一批新的，操作時得戴上手套，小心謹慎以免潑灑。此外，激發二聚體雷射還需要約兩萬伏特電壓才能運作。雷射一旦發生短路就發不出強大光束，這時我們會聽到機箱裡面發出恐怖的霹啪聲響。於是我的東道主就會取下機殼，探頭到裡面探看，到底是哪裡爆出電弧，這讓我相當緊張。

多數光源都會發出系列色彩。雷射的獨有特徵是只發出單一波長的光，而且是一以貫之，意思是，每顆光子看來都完全一模一樣，結果雷射才能集中形成一道緊緻的光束。事實上，雷射一詞的原文「laser」是縮略詞，全文意指「受激輻射的光放大」（light amplification by stimulated emission of radiation），道理在於，雷射光是藉由晶體的電子特性發出。當這類晶體所含電子受激超出基態達到某個特定能階，這時一個觸發信號就會讓晶體「鬆弛」。每顆電子釋出的能量，都會生成一顆特性如前所述的光子。不同種雷射使用不同的化學物質或晶體，來發出不同波長的光。我在阿貢國家實驗室見到的激發二聚體使用氟氣。氟是齷齪的東西。軍隊的最大型雷射使用碘，只比氟好一點。

儘管雷射系統面對種種挑戰，當時至少有一類儀器上了太空，順利進行研究。雷射高度計

＊激發二聚體：指稱一種二原子分子，唯有在激發態下才能存在幾奈秒。

（laser altimeter）能運用光速準確測量距離。現代電子學的信號傳送時間測定準確度極高，不只達到十億分之一秒等級，相當於光傳播約一英尺所需時間。發出雷射脈衝，準確測定從目標表面射回所需時間，就能判定發射源和表面之間的距離。阿波羅十一號太空人在月球上擺一件反射器，這樣一來，我們就能使用架設在地球的雷射系統，準確測定反射光的傳播時間，研究出月球的準確軌道。阿波羅任務使用的太空船配備雷射高度計，因此它們能測繪月球各部份的地形。這項概念在一九九〇年代引進火星，實體設備稱為火星繞軌雷射高度計（Mars Orbiting Laser Altimeter, MOLA）。這類儀器的作用方式相當簡單，不過由於必須感測從遠達數百英里下方的岩石或土壤反射回來的雷射光，因此依然相當笨重。漫遊車有質量限制，搭載的儀器必須小一點才行。

隨著我對魁瑪斯介紹的雷射誘發破壞光譜技術認識愈深，我也愈來愈相信它確實是簡單得可以隨船飛往另一顆行星的表面。雷射誘發破壞光譜法並不要求雷射輸出某特定波長，而只需發射充分能量，急遽加熱目標表面的原子即可。魁瑪斯使用的小型雷射看來簡單出奇，也並不比一根雪茄大，而且看來根本就是用硬紙板做的。實際上那是用某種褐色塑膠原料，末端開了一個小窗口。裡面有一具釹釔鋁石榴子石雷射（neodymiumdoped yttrium aluminum garnet laser, Nd: YAG laser），使用一種固態晶體來發出看不見的紅外線束，完全沒有毒性化學物質。這就是火星繞軌雷射高度計使用的那種雷射，只不過尺寸很袖珍而已。當時我還不太熟悉釹釔鋁石榴子石雷射，不過魁瑪斯示範的那具的細小尺寸和單純特性，深深吸引我的目光。

魁瑪斯最初是和洛斯阿拉莫斯的一位同事合作，在一九八〇年代早期開始雷射誘發破壞光譜法研究。當時那件儀器還相當大，不過到了一九八〇年代晚期，魁瑪斯已經發現，雷射誘發破壞光譜法能在一段距離之外處理樣本，因此在種種新的應用程序都能派上用場。同時組件也變得愈來愈緻密。除了雷射之外，另一個重要的組件是用來感測電漿發光的光譜儀。我讀大學的時候曾經用過一台光譜儀，尺寸大得佔滿整張書桌。光線從一端狹縫射入，從繞射光柵反彈射向幾英尺外的其他光學元件，穿過另一道狹縫，射上一件偵檢器。那件裝置一次只能感測一種波長，而且使用時還得轉動旋鈕來調整感測的波長。相較而言，魁瑪斯給我看的光譜儀，大小可以讓我握在手中。這種緊緻型光譜儀在一九九〇年代就投入生產，能同時準確感測範圍廣泛的不同波長，而且還不必轉動旋鈕。

魁瑪斯和他的同事當時便夢想，希望把這種裝置裝上一輛漫遊車，或許派上火星使用。

我和魁瑪斯見面之前數月，探索火星的動機曾有一次急遽揚升，起因是在一塊來自那顆紅色行星的隕石裡面，找到據信為微型化石的成分，那想必就是火星早期的原始生命。儘管當時已經有十幾塊顯然來自火星的隕石，譬如我就讀研究所時曾經研究的那塊，然而其中卻只有這件稀奇的樣本，可以追溯至火星歷史的最早年階段。那件隕石內含一些富含碳質的細小形狀，研究人員鑑定有可能是類細菌有機體的微化石。這項疑似發現在一九九六年傳出，立刻掀起一場激烈爭議。由於我當時還在加州理工學院，因此我們幾個人奉召到副校長辦公室接受諮詢，討論那是否真的是微化石，還有加州理工學院該如何動用資源來研究那些事物。所有人都一心一意，希望查明那些事物是否真的是火星古代生命的化石。

火星迷對此大感振奮，民眾也深深著迷，然而在科學界，這道問題最後卻嚴重兩極化，還導致火星探索轉朝預期之外的方向發展。專業討論開始白熱化。不久，科學家就開始分裂為兩個陣營，有些人完全確信那些事物不是化石，即便他們相信火星上仍有可能存在生命，另一群人則相信那些事物確實就是微化石。那是火星科學界多年以來最充滿激情的爭議。

只有一件隕石含有那種疑似微化石，而且就如同多數科學議題，尋得更多資料來確認或否定那項理論的需求，也就成為最高要務。這為更深入探索火星，帶來一種強大的推動力量。計畫顯然需要新的任務和新的儀器，來處理這項耐人尋味的爭議。

我到洛斯阿拉莫斯不到一年，航太總署就發布通告，徵求適合火星新任務使用的儀器概念。獲選團隊可以展開一項三年計畫來製造、測試他們的儀器。贏得合約不保證一定能上太空，不過原型預計要裝上航太總署一輛漫遊車上，在沙漠中進行實地試驗。這正是我們尋覓的機會。結果有可能開啟一項火星探索新事業，還有機會在新任務中佔有一席之地。魁瑪斯期盼我能提供和航太總署合作的必要經驗。

那時起源號工作正如火如荼開展，我在百忙中騰出幾小時和魁瑪斯見面，打算組織一支小型團隊並撰寫一份建議書。我打了幾通電話，請教正在研製漫遊車，打算在沙漠試驗的人士，詢問我們該怎樣做，才能讓儀器和他們的車輛匹配。儘管過去幾年我經常出入噴射推進實驗室，卻還不曾與負責設計、建造漫遊車的團隊往來。漫遊車是噴射推進實驗室較晚近的發展，而且直到四年前，這種車輛的飛行相關事項才開始進行。那群漫遊車車手對我們的「雷射槍」相當著迷，鼓勵我們遞交建議書。我們交件了，並靜候結果。

一九九八年夏末，航太總署傳來消息，我們的建議書被評價最高的案件之一，也獲選得到三年資助。我們心花怒放！

在資金還沒有進來，我還在噴射推進實驗室從事起源號工作之時，就決定要去拜訪漫遊車技術組（Rover Technology Group），討論如何把雷射誘發破壞光譜儀整合納入試驗漫遊車。噴射推進實驗室佔地好幾個小型街區，擁有許多高科技大樓，整座設施倚山而建，緊鄰洛杉磯盆地北端的聖蓋博山山脈（San Gabriel Mountains）。實驗室最早可以追溯自一九三〇年代晚期，當時有幾位加州理工學院航空工程師開始研發火箭發動機。由於工作要用爆裂物，於是他們被踢出校園，只好到山脈旁邊一處旱谷，在一片平坦的乾燥河床上建立工作坊。二十年後，噴射推進實驗室科學家成為最早發射美國衛星上軌道的推手。

到了我來訪的那個年代，噴射推進實驗室正緊鑼密鼓研發新的漫遊車和機器人，而且在我到訪的前一年，還成功派遣探路者號（Pathfinder）小型漫遊車上火星，如今正加緊腳步籌備其他同類任務。我們的雷射誘發破壞光譜團隊，向漫遊車開發小組探尋種種資料，包括該如何打造我們的裝置，才能裝進他們的載具，還有漫遊車如何用我們的雷射來瞄準不同標靶、我們的儀器會輸入哪種電壓，能耗用多少電流，以及如何向我們的原型機發出指令和接收資料。我期盼能通盤學習漫遊車相關知識，看來漫遊車就是行星探勘的未來潮流所在。

漫遊車開發團隊（Rover Development Team）主管埃里克．鮑姆加特納（Eric Baumgartner）邀我進入一棟大小如大型車庫的建築。房間中央只見一輛漫遊車的內部機件，凌亂擺滿好幾張工作台。車輪、底盤、桅杆、機械臂、攝影機和電纜四處散置。那是我第一次瞥見一輛真正的漫遊車，或說將來的漫遊車。我們站在零件陣列當中，鮑姆加特納說明所有組件，還有他的團隊打算如何建造成品。那輛載具預計在一年內完成，團隊也開始規劃第一趟沙漠外出行程。看了建造地點之後，鮑姆加特納領我進入一間會議室要我坐下，他表示，我們沒有機會隨他們的載具試驗我們的儀器。他們的計畫與資助只能用來試驗已核准任務的儀器，至於不確定未來任務是否採用的裝備並不包括在內。我想起，我們的儀器依然處於夢想階段。

我帶著失望回家。儘管航太總署計畫說明書已經載明，我們能把儀器裝上噴射推進實驗室的漫遊車進行測試，卻沒有針對漫遊車開發團隊在我們的計畫中所扮演的角色提供資助。回到辦公室，我打電話到航太總署總部找計畫行政主管，詢問假使不做漫遊車測試，我們能有什麼替代做法。那位主管聽了我的說明也深感不滿，表示在三年計畫結束之前一定讓我們把儀器裝上漫遊車進行測試。

魁瑪斯和我等了七個月，卻沒有聽到消息。一九九九年春季，我們在噴射推進實驗室和漫遊車各組負責人見面，情況已經明朗，儘管有航太總署總部的承諾，他們依然不打算把我們的儀器納入。我們被扯進一場權力之爭。總部答應我們，可以使用噴射推進實驗室的漫遊車來測試我們的儀器，然而卻沒有提供資金給噴射推進實驗室，好讓他們納入那項工作。顯然是手頭沒錢了。航太總署正處於精簡時期，噴射推進實驗室則面臨財政嚴重窘迫，他們根本應付不了再多一項沒有資金的工作。

航太總署總部和噴射推進實驗室的僵持局面，讓魁瑪斯和我同感挫敗。我們原先期望能運用航太總署的一輛漫遊車進行試驗，從中取得種種不同收穫。我們就實務上能把儀器造得多大？它能使用多少動力？我們該為哪種作業狀況做規劃，也就是說，我們的裝置該達到哪些距離才實用？需要完成多少分析，才能描繪出某特定岩石或土壤樣本的特性？哪些元素豐度能告訴我們種種岩石的最多資訊？澄清這些問題之外，我們從漫遊車示範，連帶還能取得內部資訊，增進公共關係。我們認為吹噓漫遊車經驗能發揮高度效用，更有利於說服未來的審查委員會，我們的儀器應該雀屏中選，飛往另一顆行星。還有，結識參與漫遊車計畫最深的人，對我們也有政治上的助益。畢竟，他們有可能涉及飛行酬載決策。這時魁瑪斯也就要完成實驗室分析，逐漸釐清我們能偵測到哪些元素、準確度多高，還有距離多遠。我們繼續在市場上尋覓系統可以使用的最小商用組件。

最後，我們接到華盛頓來電，指點我們打電話到艾姆斯研究中心（Ames Research Center），那是航太總署設於舊金山灣區的一處設施。艾姆斯才剛接收一輛漫遊車，那是噴射推進實驗室製造的原車翻版，而且研究中心團隊對這次試車機會感到相當興奮。我們立刻動身前往艾姆斯，離開時已經拿到所需資訊。現在我們準備就緒，可以製造出能與艾姆斯漫遊車整合的儀器。寄望這次漫遊車試驗，能夠帶領我們朝真正的火星任務邁進一步。

第9章 失火了！

沙漠試驗立即展開規劃。這趟演練由經驗老到的火星科學家雷伊・阿維德森（Ray Arvidson）負責組織，那時他正在準備指揮火星探索漫遊者（Mars Exploration Rover, MER）任務的兩輛漫遊車之一，車輛仍在建造中，預計在二〇〇三年發射。噴射推進實驗室提供實地使用的原車和艾姆斯的翻版車，預定會參與一場聯合試驗。噴射推進實驗室那輛漫遊車的正式名稱是實地整合設計和作業（Field-Integrated Design and Operations）縮略ＦＩＤＯ（譯註：義大利文「忠犬」），所以艾姆斯依循這個犬類主題，把他們的漫遊車命名為Ｋ－９（譯註：念做canine，即「犬」）。

試驗時，Ｋ－９會實地使用遙控探測儀器，包括一台相機和我們的雷射誘發破壞光譜裝置，讓漫遊車扮演「偵察兵」角色，投入考察附近地貌。它會被安置在內華達州一處荒涼的

「火星類比」地點，由留在後方噴射推進實驗室的操作小組遙控運轉，儀器得出的資料轉發給噴射推進實驗室團隊，由他們決定哪塊岩石應該鑽研，接著才派FIDO載著感測器組上前近距離嗅聞。這類感測器有別於K－9的遙控探測裝備，必須碰觸樣本才能進行分析。

作業組組員不會知道漫遊車的實際位置，必須投入時間分析儀器傳回的影像和資料，才能得知漫遊車所在地點的地質情況。這次檢驗還會嘗試採行某些做法，模擬地球對火星通訊。由於無線電信號得花許多分鐘才能在兩顆行星間傳送，漫遊車上了火星，每天只能收發一次通訊。不過為加快動作，這次試驗每天會進行「上鏈」和「下鏈」傳訊兩、三次。整套演練會經歷兩週。

在這個時點，我們仍只使用商用現貨組件。我們的想法是，先以各種商用現貨零件拼湊在一起，證明我們的概念可行，也好讓航太總署同儕有機會檢視雷射誘發破壞光譜法的大致運作方式，同時我們也才能得知，儀器各組件能發揮何等效用。商用現貨零件遠比訂製的飛行零件便宜，因為它們並不是為因應太空嚴苛環境打造，毋須耐受太空中或其他行星上的輻射環境、減壓和溫度區間等條件。因此我們的示範儀器總價不到五十萬美元。相較而言，若為飛行打造，則每片電子電路板都必須從頭設計，還必須採用抗輻射零件，每件都得花上不少錢，更別提光學和機械系統的設計部份。我們希望盡可能讓事情簡單一些，老老實實使用市面販售的現成零件來製造飛行版本儀器，不過依照我們的估計，飛行儀器的成本依然很高，起碼達到我們那件示範模型的二十五倍。

等了超過一年，終於得知我們的儀器會如何投入試驗，於是我們加速大步向前。我們手中有一具相當便宜又很小巧的合用雷射，還有一具小型光譜儀。不過我們還得把這些裝備納入機箱，這樣才能收入、抽出漫遊車車體，並納入預定安置在漫遊車桅杆上的望遠鏡單元。我們還必須設計一種做法，從漫遊車的直流電壓電源供應器向儀器導入電力。我們的技術人員蒙帝．費里斯（Monty Ferris）和魁瑪斯合作為電子裝置接線，從電池導入運作動力，並把所有部份塞進望遠鏡和機箱。所幸，我們的進度還留有充裕時間，可以把零件空運出去，趕在漫遊車從灣區運往沙漠試驗場之前，做一次配合度檢查。這部份試驗排定在二〇〇〇年五月八日開始，從原始建議書提交給航太總署起，已經略超過兩年。我們打算派三個人到沙漠現場，一個人到噴射推進實驗室的聯合作業組，負責詮釋從漫遊車發來的資料。我們全都蓄勢待發，準備展示原型雷射誘發破壞光譜儀的本領。

我在五月初逐步完成起源號儀器的最後試驗，在此同時，魁瑪斯、費里斯和我也緊鑼密鼓，準備投入期盼已久的原型雷射系統實地測試。我們卻沒有料到，新墨西哥州就要發生有史以來最慘烈的火災，害我們無法達成目標。

新墨西哥州在二〇〇〇年頭半年期間特別乾燥。本地滑雪區由於缺雪，冬季一直沒有開放，四月沒有下雨，五月也少之又少。陽光、低濕度和風勢，還有吹塵都比平常嚴重。

漫遊車試驗前一週，當地林務處在洛斯阿拉莫斯西側引燃一次計畫燒除作業，顯然這是為了眼前的乾燥夏季預作準備。事前我們不知道這次燃燒作業。當晚過了就寢時間，我的六歲兒子卡爾森叫我和我太太關恩到他的房間。他的床就擺在窗邊，窗外遠眺山脈。卡爾森在黃昏薄暮可以看到十英里外一座山峰閃現古怪輝光。他想知道這種驚悚橙光是怎麼來的。為了設法安撫兒子，我們推想那一定是森林火災，不過相隔好幾英里，不會有問題。我們再次道晚安。

隔天在實驗室的話題都是關於林務處為什麼點燃那次受控燒除，火勢卻馬上失控。大家都認為，由於天候乾燥，就算提早幾個月也都不適合點火燃燒。不過林火離實驗室和城鎮仍有數哩之遙，因此週末正常度過，只偶爾有人抱怨空氣煙霧太濃。然而風勢在星期天轉強，防火線也高速大幅逼近。到了下午，我們已經可以看到一架架飛機在山區上空盤旋，而且實驗室還緊鄰城鎮西界。到這時候，煙雲已經席捲全城，範圍還逐漸擴大。我們聽說林火已經跨越一條道路，現在燒進了實驗室所屬地界。

我跳進車子，趕往辦公室帶走電腦。那棟建築就在森林邊緣，我知道那裡有可能是第一波起火燃燒的地區。我急忙開過城鎮，沿途只見全城處境都很糟糕，不只實驗室陷入危險。西側街坊到處塞滿閃爍燈號的緊急應變車輛。當我來到橫跨峽谷兩岸，連接城鎮和實驗室的高架橋，卻發現早兩個小時之前我才剛通過的那座橋，現在已經封鎖了。回家路上我見到一列漫長車隊朝城外駛去，百姓臉上的驚恐表情，是從來沒有見過的景象。洛斯阿拉莫斯陷入險境，還好我的家人住在城東地帶，離火災較遠，不過無從判斷接下來會出什麼事情。回到家裡，我收拾細軟，做好疏散準備。

城鎮和火場的僵持局面持續著，我開始在心中掙扎，不知道有沒有辦法離家前往漫遊車試驗現場。航班預定在週四起飛，我不肯錯過這些試驗，然而我並不知道，到時洛斯阿拉莫斯是否能平安避開這場大火。所幸，我們已經在前一週把雷射誘發破壞光譜儀送往試驗現場，否則以現在實驗室戒備那麼森嚴，要進去拿是不可能了。我們的技術人員費里斯已經前往內華達州，他可以把裝置安上漫遊車。不過，倘若魁瑪斯和我沒辦法趕到，也就不能開動雷射誘發破壞光譜儀，無法為其他科學家詮釋資料了。除了我們，沒有人知道儀器的性能。這個抉擇令人苦惱：留下來保護我的太太和兩個幼兒，或者前往執行試驗，還寄望由此實現我飛往火星的夢想。本週結束時我會在哪裡？照料我的家人，或者向科學家展示雷射槍的性能？週一和週二大半時候，天氣和防火線似乎都保持不變，我大概有機會進行漫遊車試驗。

但到了週二夜晚，我們躺在床上可以聽到、感到一陣乾燥熱風在屋子四周肆虐。大門底下傳來大風呼嘯，樓上也受強烈陣風吹襲晃動。情勢變得非常糟糕，我們睡得很不安穩，週三黎明風勢依然強勁。

我的心思回到漫遊車試驗。這項試驗會帶來令人陶醉的經驗，而我也期望，有一天這種經驗能在火星上重演。儘管情況惡化，我仍努力設想天氣或有可能變好，火勢也會緩和下來，這樣就可以參加實地演練。我認為情況仍有指望，啟程之前還得完成一些預備工作，希望在前往內華達之前能回辦公室拿一些參考資料，幫自己詮釋資料。

實驗室依然封鎖，還好魁瑪斯在家裡放了一些參考檔案，我提議影印那些資料預備這趟行程。我不顧災難近在眼前，週三早上第一件事就帶著文件進城，交給一家影印店。

同時我也設法協助家人，繼續應付這一天的煙塵和禁閉焦躁症狀。既然城裡沒什麼事情好做，我們考慮是否該外出露營一夜。約一個小時車程之外就是格蘭德河（Rio Grande），河東安全地帶有很多露營地，從那裡我隔天依然可以趕上飛機踏上行程。事後回想起來，那個點子還真瘋狂。我們收拾露營裝備，搬上車子。出發之前，我回到影印店拿試驗用的參考資料。

風勢變得更糟了。從送交文件到取回影本這兩個小時，情況顯然徹底不同了。這時陣陣煙雲已經瀰漫全城，不單是覆蓋上空。我轉過一處街角，朝正西方山腰眺望。我穿過煙塵，隱約見到一架消防直升機，根本就貼著峽谷邊緣向下俯衝，從城市水庫重複舀水。我停車拿影本時，商家正要打烊好讓員工疏散。這時我明白了，原來我們不只是要外出露營。我的心思同時被兩件事情佔據了，一邊尋思如何保障家人安全，另一方面，也向我們的漫遊車計畫道別。我心中極端痛苦。試驗場的人知不知道我們的險惡處境？我們有沒有另一次機會？

等我啟程返家，所有出城道路都擠滿漫長車陣。所有人都在同時離去，我又一次見到民眾臉上的驚慌表情。一輛帶伸臂和工作桶的公務卡車匆忙開上路肩鑲邊石，越過草地，在一根電線桿旁邊猛然煞車，也許是要修復斷電事故，也或許是要截斷電源。離火場稍遠處上空，一架新聞直升機逆風頑抗，設法在我們這個地帶上空盤旋。強勁大風以將近四十五英里不變風速咆哮不止，說不準烽火煉獄很快就會燒到這裡。我們一邊把器材裝車，準備「露營」行程，一邊設法讓我們的幼兒平靜下來。我們把寵物兔子也帶著走，孩子們都非常興奮。

洛斯阿拉莫斯當地人戲稱那裡是「大型死胡同」（Great Cul de Sac）。設施倚山而建，緊鄰赫伊梅茲山脈（Jemez Mountains），設有一條四線道路通往城鎮，供實驗室一萬名員工通勤之用，然而道路卻在城鎮那端終止。城內一條幹道首先朝山區通行，接著就偏離山區並在我們的住宅區終止。城鎮以五百英尺深的峽谷一分為二，沒有其他較短路徑可循。若是走幹道，首先得向火災區開好幾英里路程，而這時火勢也開始進入城鎮那側。所幸洛斯阿拉莫斯偏我們這區，還有另一條疏散路線。那條路徑有一條泥巴路深入一處狹窄峽谷，穿過印第安保留區。平常那條道路是封鎖的，不過那條道路就是為了因應這種緊急狀況才鋪設的。我們的街坊和其他幾處地區的街道，全都通往這條滿是車輪痕跡的泥巴路。儘管以往從來沒有用過，疏散卻仍順利進行，蜿蜒車陣綿延一英里長，循序進入濃煙密布的沙漠峽谷。

我們安排要前往一位住在白石區（White Rock）的朋友家中，離這裡只有八英里遠。當天其餘時候我們都不斷安撫孩子，也儘量別去想火災的事情。不幸的是，白石的居民在半夜時奉命疏散。我們又一次加入一英里長的車陣，在陣陣濃煙當中緩緩前行，這次眼前一團漆黑，只見地平線上閃現不祥的火光。一個小時之後，第一道晨光出現之前我們抵達格蘭德河峽谷，來到朋友的友人住家，那家人為我們的孩子準備床鋪，連我們大人也有地方睡。主人實在太慇勤了，他們自己睡地板。當時手機還沒有普遍使用，我沒有辦法連絡預定前往進行漫遊車試驗的同事，他們也沒有辦法和我連絡。守護我家人的責任優先處理。漫遊車試驗沒了。

隔天上午我們醒來，感覺不知身在何處。第一次疏散很艱苦，第二次就顯得不可思議。我們離開自己住家，所有家當幾乎全都拋下，任由無常命運處置。那棟住家擠滿陌生人，我們盡可能別造成干擾。我們感到無助，不管怎麼講都算是一群難民。當地電視台停掉常態節目，實況報導火災消息。那一整天我們不斷見到新聞直升機傳回的畫面，資訊卻極端短缺。一個小時又一個小時接連播出起火房屋景象，然而從空中很難看出，顯現的是洛斯阿拉莫斯的哪個區域。記者似乎沒有地圖，也沒有當地人指出我們見到的是哪片地帶。完全沒辦法研判，究竟是全城都在燃燒，或者只是局部失火。

到了第三天，一條專線終於架設起來，提供居民查詢哪些房子燒毀了，我們也得知消息，我們那處街坊依然完整無損。儘管火災依然在許多地方肆虐，其他區域也還在悶燒，官方預期，城鎮其餘地區應該不會被毀。超過兩百三十棟房屋燒毀，而且最後總計遭焚毀的森林超過四萬九千英畝。實驗室只有幾棟建築全毀或受損。當天一場記者招待會上，州長和其他官員報告指出，儘管財產損失慘重，總算沒有人喪命，傷患情況也不嚴重。疏散進行順利，就這類事件而言，這次的沉著表現是他們畢生僅見。城鎮確實承蒙守護天使的庇佑。

內華達州的漫遊車雷射試驗已經取消，技術人員費里斯先前已經抵達並架好裝備。雷射在他監督之下也發射了幾次，不過他的家人同樣從洛斯阿拉莫斯向外疏散，因此他離開試驗場，趕往科羅拉多州和家人會合。值得安慰的是，漫遊車試驗地點的岩石也經收集，送回我們的實驗室，供雷射誘發破壞光譜技術進行辨識。

一個月之後，我們全家在德州一間旅社巧遇一位消防直升機駕駛。關恩在早餐時和鄰桌一家人閒聊起來。那位丈夫在國民警衛隊服務，而且他們當時正從新墨西哥州轉調新的服務單位。當他們聽說我們來自洛斯阿拉莫斯，那位男士露出奇特的眼神。我們思忖，當時他是不是就在那裡？是的，他說。就在火災期間，他也在那裡駕機執勤。我記起在我們疏散當天，眼見那架直升機幾乎就貼著峽谷邊緣俯衝，竭盡全力拯救城鎮。我們衷心向他表達最高謝意，感謝他以大無畏勇氣努力以赴。

第10章 探訪火星，平安返回……功虧一簣

往後幾年，我們的雷射誘發破壞光譜儀研發工作緩慢進展。我們試用更好的組件，逐步累積進度。我們的布告和發言成為火星研討會上常見的景象。火災過後一年，我們受邀進行一次實地試驗，不過那次我們的儀器卻是裝在三腳架上，和主要試驗區相隔很遠，而且我們和漫遊車團隊的互動也非常有限。我們申請新贊助的建議書幾度受挫。

儘管我們的火星雷射前景並不是那麼光明，這時卻出現一次機會，差點讓我加入一項完全不同類型的火星任務：率先從那顆紅色行星取樣返回。二〇〇二年二月，我接到蘿莉・萊辛（Laurie Leshin）打來的電話。蘿莉是亞利桑那州立大學（Arizona State University）的年輕教授，我在加州理工學院服務的時候就認識她。當時她還就讀研究所，在我工作的那棟大樓做研究。蘿莉想找我討論火星的事情。

航太總署在前一年已宣布，他們要辦理一次新的火星任務角逐來徵求創新概念。那項計畫打算師法發現任務計畫，也就是起源號當初參與的遴選方式。這次和十年前的相似性高得出奇。就如發現系列計畫的起步階段，這次也有一場甄選「火星偵察兵」（Mars Scout）概念的選美比賽。比賽地點同樣是在南加州。眾多人士紛紛提出他們最愛的火星探索構想。所提方案包羅萬象，從荒謬可笑到極端可行都有。而且就如發現系列比試，十項概念獲選做進一步研究。

這場火星角逐我也參加了，這次是隨兩支團隊分就兩項不同任務，導入我們的雷射誘發破壞光譜儀，到頭來兩項卻都沒有取勝。我記得事後和蘿莉加上其他幾位朋友，一起到酒吧消磨時間。蘿莉的博士論文題材和我的相同，也專研封在火星隕石裡面的火星大氣，除我們之外，涉足這個領域的人非常少。她非常希望能取得火星樣本並送回地球。她倡言支持一種非常大膽的概念：派一艘太空船呼嘯穿越火星大氣，趁火星刮起常見的全球風暴期間，低空進入收集塵埃，接著就攜帶所採物質返回地球。

塵埃收集作業可以借助氣凝膠（aerogel），也就是當初星塵號任務用來收集彗星粒子的那種鬼魅般材料。氣凝膠是超低密度的纖維質海綿狀材料，一吋厚的氣凝膠塊可以輕鬆看透，彷彿裡頭沒有東西。星塵號任務使用氣凝膠來緩衝彗星粒子撞擊，輕柔得讓粒子不致於碎裂。沒有人知道，這種構想適不適用於火星塵埃，不過所有人對這項新構想都相當著迷。最後蘿莉的概念在那場比賽登上首位，於是團隊獎金入袋，她開始著手鑽研能不能讓那個美妙卻又離奇的構想成真。

許多概念，特別是這麼有趣的構想，最後卻都落得風險過高，航太總署不肯投入金錢的下場。我沒有聽到關於火星塵埃收集概念的消息，後來接到蘿莉的電話，她的團隊已經接近一年可行性研究的尾聲。結果令人稱奇，看來蘿莉的概念確實可行。計畫的最大問題是，太空船進入火星大氣能不能降得夠低來收集足量塵埃，還有，塵埃收集器能不能熬過進入大氣時經歷的高熱。研究發現，這些都是可以解決的。把太空船打造成子彈形，就能深入到距離火星表面最高峰不到八英里處飛掠而過。只要把氣凝膠收集器嵌入「子彈」壁面小型進氣口內側，就能保持充分低溫並存續下來。這個消息令人振奮。

不過，蘿莉和她的團隊還沒有著手處理另一個層面。她們還希望收集火星大氣的樣本，帶回地球就能測出極端精密的同位素比。就如起源號測量得知太陽的同位素比，蘿莉的團隊也希望測量火星大氣的同位素比。倘若成功了，她們的數字就能大幅披露火星長期氣候歷史的細部內情。由此就能推知，在數億年到數萬年不等期間，是否有火山活動為大氣補充某些氣體。氣體樣本還能告訴我們，有關火星當前趨勢的眾多事項，好比在晚近幾世紀，兩極冰帽是維持穩定或者是緩慢消融，這些細節靠可預見未來的火星任務都無法得知。不過到目前為止，她的團隊還沒有人來領導這項工作，而蘿莉的建議讓我不敢置信：她要我設計、主持火星大氣樣本收集作業。這和我的專業不謀而合，因為我念研究所時專研封在火星隕石裡面的火星大氣。

從火星帶回樣本並不是什麼新鮮構想。自從阿波羅計畫以來，大家一直夢想要前往火星，畢竟這是月球之後的合理步驟。即便還沒有指望從事載人任務，科學家仍迫切希望，有機會派艘自動化太空船前往完成這項壯舉。問題在於，傳統著陸任務得降落表面、挖取樣本，然後還得發射升空返回地球，作業太複雜，也太昂貴。以往已經有幾次研究，每次都被推遲，改採沒有那麼昂貴的任務。但跨進二十一世紀之際，看來火星取樣返回確有可能成真。

從一九九〇年代中期開始，航太總署的太陽系探索部（Office of Solar System Exploration）把火星當成一項重點任務。幾乎每隔兩年，地球都和火星的軌道交會，這時在兩顆行星之間往返輸運會變得很容易。航太總署宣布將研擬計畫，製作先進設備，適時掌握這種時機，派遣太空船前進火星。在戈爾丁的「更快、更好、更便宜」時代，航太總署深信，完成取樣返回任務所需成本，應該遠比先前估計更低。以這種較低成本，加上國際合夥人出手協助，取樣返回應該就能符合預算要求。

一九九六年在一塊火星隕石發現了號稱微化石的構造，整體而言，為火星計畫打了一劑強心針，具體而言，讓取回樣本成為計畫的首要目標。隨著一九九六年升空的火星探路者號（Mars Pathfinder），以一輛細小的漫遊車取得巨大成果，航太總署便開始籌備在一九九八年發射一台著陸器，前往探勘極地區域，還打算在二〇〇一年和二〇〇三年分別發射大型漫遊車。總署預計在二〇〇五年趁著火星接近時，局部試驗取樣返回硬體，接著在二〇〇七年發起主要探勘行動。前述漫遊車之一會帶著合意的樣本，攜往能夠發射脫離表面的地點。二〇〇七年任務則會攜帶一枚高不足八英尺的小型火箭，到時就由它把火星樣本射上軌道。升空後就能與一艘法國返回太空船會合，由該船接手運載珍貴貨物返回地球。

就在為其他中介任務製造硬體的同時，排序倒數第二趟的取樣返回任務，也已經就各個層面擬出計畫並完成設計。有新技術開發需求的層面，必須投入最長程規劃，好比用來把樣本推上軌道環繞火星，號稱火星升空載具（Mars Ascent Vehicle，MAV）的小型火箭就是一例。樣本該怎樣收集並裝進那枚小小的火箭？火星升空載具如何發射進入正確軌道？還有回地球的太空船和火星升空載具，如何找到對方並交接樣本？每項細節的相關設計都經過開發和討論，整套計畫似乎逐漸成形。

不幸的是，計畫卻在一九九八年秋季驟然喊停，原因是前兩趟不相干的火星任務，包括一具軌道器和一台著陸器，相繼失敗。航太總署變得謹小慎微，執行計畫非常小心，對資金也錙銖必較，總是設法想以非常有限的無人探測計畫預算，完成很多項任務，讓總成本不到太空梭計畫的十分之一。過去犯了太多錯誤，好幾次任務都失敗，但「更快、更好、更便宜」的時代過去了，航太總署開始在每項任務投注較多金錢，為硬體增添備援並引進更多經理人管理每項專案。火星探索漫遊者的精神號（Spirit）和機會號（Opportunity）漫遊車，就是在這個時期構思成形，並提出發射雙車的主意，以免其中一輛出錯。不過採行這樣比較保守的做法，火星取樣返回專案的計畫成本又一次飆漲到高不可攀，回到數十億美元規模。近期內是不會有樣本送回來了。

二〇〇一年年初，火星偵察兵計畫（Mars Scout program）就是在這種情勢下公布。由於取樣返回才剛取消，在這個背景下，也難怪蘿莉的火星塵埃返回任務能夠引起審查委員想像。蘿莉是一位高明的公關能手。身為年輕女性科學家，她發揮無窮熱忱，成為所有人的矚目焦點。航太總署的文化熱衷公關運作，蘿莉起身面對這項挑戰。她的任務概念全名「火星調查大氣樣本收集」（Sample Collection for Investigation of Mars），化為一個朗朗上口的縮略詞「SCIM」，念做「skim」（飛掠），一語道出載具上火星要從事哪項作業。

蘿莉來電之後幾天，我滿腦子只想著該如何收集火星氣體，其他事完全沒有辦法專心思考。該如何確保我們能得到足量的樣本？太空船會不會飛得太高，空氣會不會太稀薄？火星大氣在地面高度已經非常稀薄了，不到地球大氣的百分之一。通過速度會不會太快？該怎樣防範子彈形氣動外殼的高熱表面造成汙染？我們已經知道，部份表面材料會受熱蒸發。我們可不想收集那種汙染物質。還有，載具飛掠時可達二十九倍音速，和太空梭在重返階段一樣快，我們該如何在那種載具裡面收集氣體？

我當下的想法是，查詢以前有沒有人做過。我連絡兩名認識的太空人。兩位都告訴我沒有，他們從來沒有聽說，哪艘太空梭這樣收集過大氣樣本。看來這種二十九倍音速氣體取樣作業，確實是嶄新創見。

過去曾經做過最相近的是高層大氣樣本收集作業，由次軌道小型探空火箭升空執行。探空火箭上升約六十英里，收集它們的氣體，接著就開降落傘降回地球。然而，這類次軌道飛行約只加速到火星調查大氣樣本收集器計畫速度的六分之一，而且只持續幾分鐘。由於時間相當短暫，這類實驗不必符合我們的器材規格，可以使用比較簡單的裝備。不過，探空火箭採樣依然是相近的作業。

我們決定全員齊集聖地牙哥，那裡是探空火箭氣體收集老手馬克・席門斯（Mark Thiemens）的大本營，而且他已經加入火星調查大氣樣本收集器團隊。席門斯是加州大學一所學院的院長，熟悉航太總署的月球岩石和隕石收集計畫。接到蘿莉電話後不到三週，我就和我們最優秀的設計工程師啟程前往聖地牙哥。

我們在二〇〇二年早春一個週六上午來到加州大學聖地牙哥分校（University of California at San Diego）校園。那個地方幾乎全無人影，現場只有幾位興奮的火星調查大氣樣本收集器團隊成員，他們先來一陣擁抱和熱情握手歡迎我們，接著才開始討論。這時一件事情讓我開心極了，原來火星調查大氣樣本收集器團隊邀集星塵號和起源號團隊的眾多最佳能手。此外，團隊也已經延攬空氣動力學模型製作專才，幫忙闡釋塵埃收集作業各個層面。這群專家很快就能為我們提出計算結果，驗證火星調查大氣樣本收集器的氣體取樣完全可行。儘管氣體收集各個層面都遠遠落後其他事項，不過我們已經很快追上。

結果讓我萬分驚喜，各部細節逐一落實就緒。我們發現，其他設計用途的硬體組件，裝上我們的裝置也同樣可以使用。這些都是堅固耐用、價格低廉的大量生產品項，只需要最小程度的創新開發或稍事修改，就可以用在我們的氣體收集裝置上。這也正符我們所需，因為顯然我們已經沒有時間從頭開始研發、試驗新的裝備。最後我們擬出一種「失效安全」的設計，這能提供餘贅性（redundancy），以防一、兩個部件失靈，同時還能提增氣體收集數量，遠超過我們所需——工程師的美夢。

我們的計畫需要一個進氣口，安排在子彈形氣動外殼的鼻端，只有開在這裡，才能徹底防範燒蝕材料的汙染。這裡也恰好就是氣壓最高的位置，我們也得以收集到最大量樣本。進氣口周邊的材料（這部份我們稱之為「鼻栓塞」）必須用上現有惰性最高，也最耐高溫的金屬來製造，才不會在高熱氣體下熔解或發生反應。不過這點在火箭發動機噴嘴研發方面倒是早有研究。所以我連絡一家在幾年前才做過一項高性能新型噴嘴研究的公司，他們距離不遠，從噴射推進實驗室再過去就到了。他們對於我們的應用方式很感好奇，也很快就提出我們所需建議，還提供一件示範樣品給審查委員過目。

從進氣口接下去，我們的設計得裝兩條管子，向下通往兩個氣體收集槽。雙管雙槽設計能提供餘贅性。其中一邊簡單至極，只裝一個氣門閥，等收集完成就可以馬上把收集槽封閉。另一邊我們提議採用比較花俏的裝置，裝一台袖珍型超冷冰箱，把大量氣體冷凍起來，體積濃縮為十分之一。這樣做可以最大程度提高回收，這也是航太總署感興趣的事情。氣門的通氣量必須很高，才能讓空氣以高速流過，這和實驗室用氣門並不相同，在實驗室中可以靜等好幾分鐘，讓少量氣體慢慢取得平衡。就這點而言，我們同樣得向根基深厚的火箭發動機產業求教，並使用推進用氣門。其中一家公司的連絡人，還特別拿出他們的氣門滲漏率資料來和我們分享，證明他們的產品可以原樣直接採用，不過必要時我們仍然可以修改氣門座。

我們竟然沒有投入研發工作就無中生有完成一項可行的設計，而且到最後審查小組還挑不出我們的設計有絲毫毛病。火星調查大氣樣本收集器建議書在二〇〇二年七月，連同其他二十幾份候選方案同時交件。就像發現系列任務的做法，航太總署會遴選幾份偵察兵系列建議書做最後研究，隨後才選定一份幸運贏家。漫長等待從這時開始，我們料想約在年尾就能聽到結果。

☆

果然，當十二月來臨，我們接到電話通知：火星調查大氣樣本收集器是三個決選提案之一。我們心花怒放。更棒的是，從航太總署最高階層為我們打氣的言詞推斷，火星調查大氣樣本收集器是名列前茅的角逐者。這趟任務有可能開創歷史，成為第一次上了火星又回來的往返行程。

所有參與火星調查大氣樣本收集器專案的人士，彷彿沒有明天一般奮力投入工作。我們必須讓一項粗略的設計，轉變成精雕細琢的計畫案。計畫中由我主持的大氣收集部份，各方細節全都匹配得出奇吻合，這項任務相當令人振奮，很容易延攬人手。原本深藏不露的各方專家英才紛紛露面。幾個星期不到，我們就有電腦製模專員、氣流實驗學家、設計工程師，和技術人員紛紛放下他們的其他工作，跳上火星取樣返回列車。更多細節添入早期設計和計算結果，模型逐一製造成形並做測試。但進行專案成本估算時遇了若干常見的波折，像太空任務這種大型專案的成本，似乎免不了都要提增，所幸估出的成本依然在規定範圍之內。

然而，就在我們的可行性研究期間，太空計畫另一個部份卻出了事情，而且對火星調查大氣樣本收集任務的衝擊，還比我們當時所知更為嚴重。我在一個星期五晚上熬夜加班，並在隔天二〇〇三年二月一日上午補眠。正當我自然甦醒過來，我的十歲兒子卡爾森蹦蹦跳跳上樓來到我的房間。「把拔、把拔，電視上有人說太空梭爆炸了！」我猛醒過來，跑到樓下。電視聯播網中斷節目，報導一起慘劇。哥倫比亞號太空梭從軌道返回期間，首先約略從我們這座城鎮正上方通過，接著就從雷達幕上消失，無線電也失去連絡。據報，德州東部和路易斯安那州州界附近到處都有殘骸從天墜落。往後幾小時、幾天，事實推斷逐漸明朗。太空梭發射時，機翼前緣附近受損出現凹痕，重返時耐受不住灼熱高溫，結果機翼瓦解，導致載具毀滅，乘員喪生。

唯一一次太空梭災難發生在十七年前，挑戰者號升空後不久爆炸，當時我還是年輕的研究生，親眼看到電視播出那次命數已定的升空，後來雷根總統和其他顯要前往休士頓主持紀念儀式，當時我也在詹森太空中心。

火星調查大氣樣本收集任務團隊成員都明白，哥倫比亞號太空梭的飛行速度和承受的壓力狀況，和子彈形氣動外殼在火星大氣中會遇上的處境是相同的。我們竭盡全力確保任務不會遭遇相同命運，我們重新研究大氣穿越作業的各個層面，結果依然沒有找到哪項因素會導致載具損毀，所以我們繼續推展計畫。

向審查委員提報的日子終於來臨。我們發現自己回到當年吉姆・馬丁揮拳搥打桌子，也是我們贏得起源號任務的同一個房間。提報室的電梯門開啟，迎向審查委員眼前的是琳琅滿目的硬體設備，還有任務不同的工作模型：一件塵埃收集機制和返回艙的全尺寸模型，氣體收集系統的原型，一件進氣口的實物大小塑膠模型，還有我們選定來製造進氣口的公司提供的一塊耐高溫金屬。

我們的火星調查大氣樣本收集任務提報無懈可擊，我們覺得這趟任務肯定能夠成真。恭賀擁抱和握手之後，我們各自回家，熱切等候正式決定。

先前航太總署已經向各組人馬清楚說明，他們會在什麼時候發布結果。目前已經排定向航太總署的太陽系探索部主管做一次簡報，依進度會後就能宣布結果，那是在二〇〇三年八月的第一個星期五。火星在那個夏季已經成為矚目焦點，因為就在幾個星期之前，火星探索漫遊者任務已經趁著那顆紅色行星特別接近的時期成功發射。全國公共廣播電台（National Public

Radio）在那個週五的晨間新聞，播出一段很長的報導，談到即將來臨的火星任務甄選作業，還訪問各團隊組長，包括一如既往表現亮眼的蘿莉。接著在沉寂好幾個小時之後，我們都收到火星計畫室傳來的一封神祕電郵，表示當天不會公布甄選結果。內容沒有提出解釋。不論出了什麼事，看來都很不樂觀。

週末期間，我們全都設法讓心思擺在其他事情，我們設法延續心中的希望。公告在星期一終於發布了。結果對我們來講很不幸，航太總署選定另一項稱為鳳凰號（Phoenix）的計畫案，一九九八年一次失敗任務浴火重生，目的是到北方緯度區尋找水。後來我們才發現，原定在航太總署總部舉行的簡短決選會議，後來卻轉變成一場拖延好幾個小時的馬拉松。火星計畫負責人努力推薦遴選他心中認定最富有科學價值的任務：火星調查大氣樣本收集器。然而航太總署的太空探索部門主管，卻捨不得不發射那項低風險任務，畢竟，為那趟飛行打造的太空硬體，大半都已經齊備。太空梭慘禍讓航太總署所有主管都心懷戒懼。火星計畫領導人想盡辦法要保持火星調查大氣樣本收集器一線生機，然而那次角逐沒有獲選，往後再也無法繼續推動了。哥倫比亞號事故毀了我們的機會。

我們的生活全都出現不折不扣的轉折。不會有火星取樣返回了，我們完成的一切事項全都要歸檔封存，或者更糟的是，全都遭人棄置。那是火星調查大氣樣本收集器團隊很陰鬱的一天。

當晚我莫名其妙清醒過來。時鐘顯示凌晨四點鐘，是哪檔事干擾我的睡眠？當晚很溫暖，窗子開著，涼爽山風吹進來。附近馬廄傳來公雞啼聲——太早了一點。其他一切都很寧靜。我察覺戶外出奇明亮，然而月亮卻已經下山。我起身從臥室窗口眺望星空，卻看不出光源來自何方。我轉到屋內南側窗口，從那裡能見到黃道——太陽系的赤道。我的眼光被一顆燦爛光球吸引過去，幾乎位於正上方天頂。

那是火星，明亮得可以投下藍綠色模糊陰影。它的模樣簡直就像是超星（superstar），卻在眼中留下較大的形影，而且火星並不閃爍，也不抖動。我想起多年前火星那次大接近，當時哥哥和我在明尼蘇達州故鄉城鎮外緣，拿我們的望遠鏡架在一根籬笆柱上，第一次好好地認識了那顆行星。我回憶當時我們如何描畫火星特徵。這時那顆紅色行星還更接近，和地球貼近到六萬年來之最，燦爛程度也令人稱奇。我對著它凝望許久。多諷刺啊！火星和地球相隔這麼近，卻又似乎那麼遙遠。

第11章 法國人脈

前陣子，我們推動火星調查大氣樣本收集器之時也兼顧起源號飛行任務，還得努力保持樂觀，指望雷射專案終能成真，那種感覺像洪水沒頂。這時我們終於可以回頭專注處理漫遊車和雷射誘發破壞光譜儀，最後卻是大西洋對岸一位朋友扮演重要角色，我們終於能夠成功。

我們的漫遊車沙漠試驗因故取消後不久，我向西爾韋斯特．莫希斯（Sylvestre Maurice）提起我們的雷射誘發破壞光譜法專案計畫，莫希斯是法國同行，在洛斯阿拉莫斯工作過一段時間。那時的構想是要試探我們能不能組織一支國際團隊，合作開發雷射儀器。

美國航太總署和外國太空總署之間的關係很有趣，太空合作往往被視為發展緊密政治戰略關係的手段。這種實驗首次進行是在一九七五年，當時美國曾邀請蘇聯宇航員在太空會合，完成阿波羅聯盟（Apollo-Soyuz）對接任務。那趟任務從一九七一年開始規劃，就某種意義來講，也為超強太空競賽劃下句點。那是一次政治突破，因為那樣做必須分享種種資訊，以及對接系統、太空機動操控，還有維持太空人生機所需的艙壓和空氣成分等環境條件。

就另一方面，美國政府也不希望把具有軍事用途的太空技術提供給其他國家。阿波羅聯盟專案的關鍵層面是，蘇聯已經知道如何送人上太空。兩國都已經針對繞軌太空站做了實驗，就對接機動操控方面也很熟悉。換成太空技術落後的國家，那就完全不是這麼一回事了。舉例來說，波音和休斯都曾經被美國政府告上法庭，指控他們提供中國技術。事情發生在一九九六年，當時中國長征火箭搭載美國一枚商用衛星升空，卻發生一次驚天動地的發射台事故。問題在於，把太空技術提供給其他國家，也可能幫他們造出更可靠的洲際彈道飛彈，往後萬一發生核戰，他們的飛彈也就有可能更可靠地摧毀美國都市。確實，在那段期間，中國的太空計畫立刻突飛猛進，最後中國只落後美、蘇，成為第三個送人上太空的國家。

然而，儘管有政治風險，航太總署卻繼續謀求與其他國家合作，兼及載人太空計畫和自動化專案。除了國際間親善動機之外，還另有一項因素：成本。假使其他國家能提供太空硬體，航太總署就能節省資金。不但如此，納入其他合夥人，往往還能穩固計畫，降低取消的機率。

看來，就在跨入新世紀之後，世事也像擺錘朝更多合作那邊盪過去，而且像我們嘗試開發的這類儀器，成本也確實是重大課題，於是我向莫希斯提起這個議題。

莫希斯在一九九〇年代晚期曾在洛斯阿拉莫斯進行博士後研究。他擁有綿延不斷的好奇心，對他的科學事業很有幫助，而且他還有很高的政治敏感度。莫希斯在美國待了將近五年，就了解美國人如何做事這點而言，他已經美國化了。他的年紀只比我小幾歲，而且儘管出身不同國家，我們似乎具有眾多共通的人格特質。他是家裡次子，來自法國北部一處比我的故鄉還更小的小鎮，位於第一次世界大戰壕溝戰線側邊附近。他從那個小地方一路在科學界力求上進，終至自成一家，或許稱得上是法國行星科學界翹楚之一。

同事閒聊的時候，總免不了會有人想知道莫希斯的高空跳傘實驗內情。顯然在事發當時，他還沒有離開農莊太久，因為那項實驗的目的是要檢視雞的適航性夠不夠強，能不能從飛機上飛下來。所以莫希斯抱著一隻雞跳出飛機，降到半路才把牠放走。然而他事前卻沒有考慮，雞一遇上腳下空無一物的情況，本能就會立刻雙翅全張，結果那隻可憐的雞就此失去所有羽毛，再也沒有人見過牠了！

莫希斯在前往洛斯阿拉莫斯上任之前不久結婚，他的太太名叫阿梅勒，婚前還不曾居住在巴黎之外的地區，不過這下她免不了要面對幾項改變。他帶著太太前往印度度蜜月，莫希斯深深迷上那處地方。接著他們來到洛斯阿拉莫斯城，這裡只有一家超市，還有其他非常少數幾家商店，就多數科學家看來還滿合意的。畢竟，購物並不是許多博士的主要休閒活動。莫希斯和阿梅勒一路來到洛斯阿拉莫斯，停在弗爾食品雜貨店門口，他告訴妻子，那裡就是城中鬧區了。阿梅勒不敢相信，世界著名的洛斯阿拉莫斯社區竟然這般乏善可陳，連伴隨她長大的那種基本商店都沒有：烘焙店呢？肉品市場呢？精品店呢？這些在巴黎幾乎所有街區，起碼都各有一家啊。像洛斯阿拉莫斯這麼著名的城鎮竟然沒有，完全不可思議！這簡直偏僻得令人不敢置信。於是隔天當莫希斯前往實驗室結識他的新同事，阿梅勒也開車四出探索，設法找出洛斯阿拉莫斯真正的城中鬧區在哪裡。不幸的是，那裡什麼都沒有，只有山脈、林木、峽谷和仙人掌。她懷抱巴黎式悲愴心情回到家中。不過身為一位堅強的女性，她下定決心面對逆境，扭轉乾坤，結果兩人在洛斯阿拉莫斯的這段日子，也變得非常值得懷念。

我和莫希斯一家往來一段時日之後問他，有沒有興趣和我們合作研發雷射裝備。那次決定，到後來還成為這整個專案最重要的一項抉擇。莫希斯召集一批曾有雷射誘發破壞光譜研究經驗的法國科學家，組成一支團隊，還寫一份建議書，提交給他們的太空研究機構。提案獲熱烈稱許，一面倒地核准進行。法國團隊著手推動工作，年度預算將近百萬美元，而我們的資金也恰在此時萎縮到零。他們決定專注開發雷射，其他如偵檢器裝置等層面，就留給我們處理。儘管後援嚴重不均衡，莫希斯倒是很忠誠，他鼓勵我們繼續向航太總署尋求金援。

儘管位於低潮谷底，我們依然蹣跚前行，繼續提交好幾份新的建議書。我們的老經驗技術人員費里斯退休了，其他幾道路障我們也都跨越了。

同樣在這段期間，起源號發射了，進入太空運作，火星調查大氣樣本收集任務則是出現一陣之後便銷聲匿跡。火星調查大氣樣本收集器競標失敗之後，剩下的迷人可能前景，就是一項令人振奮的漫遊車新任務，稱為火星科學實驗室（Mars Science Laboratory, MSL）。這會成為承續火星探索漫遊者雙車任務之後更大型也更有力的後起之秀。

航太總署打算遵循一條漸次發展途徑，依序推出火星漫遊車。一九九七年著陸的旅居者號是一台嬌小的技術驗證載具。旅居者號總重不到二十五磅，沒有機械臂也沒有桅杆，能拍攝簡單的照片，車上還有一件德國感測器，抵住一塊岩石就能提供成分資訊。火星探索漫遊者的精神號和機會號，在火星科學實驗室規劃階段就發射了，兩輛火星車的大小和性能都介於中間。兩輛車的車重各約四百磅，同具一支機械臂和一根桅杆，能拍攝高畫質影像，還能伸出機械臂，使用一柄刷子和擦刮工具接觸樣本表面。預估任務期限是九十天，計畫從著陸地點行駛數百碼。漫遊車都採太陽能推動，料想過一段時間之後，太陽能板就會滿布沙塵，終至讓漫遊車運轉所需動力逐漸消失，最後就會侷限它們的使用壽命。

在這段期間，從軌道認識這顆紅色行星出現長足進展。火星奧德賽號（Mars Odyssey）軌道器使用分別在洛斯阿拉莫斯、亞利桑那州和俄羅斯製造的感測器，發現火星高緯度區緊貼表面的極淺地層貯蓄大量水冰，同時在赤道地區的黏土礦物，也可能依然內含結合水。不只這樣，火星表面在某些時期和不同地區的相對濕度，其實還相當高。和幾年之前相比，如今我們這顆相鄰行星看來是更引人遐想，也似乎更適合人類居住。

甚至早在火星探索漫遊者發射之前，火星科學家就渴望擁有比那兩台漫遊車更大的工具套件包。他們展望送上一個行動實驗室，能在表面四處駕駛，執行科學實驗，而且項目更像是在地球上的實驗室中做的類別。漫遊車的機械臂能把樣本送進儀器，就像人類在真正實驗室中的做法。他們還體認到，由於火星表面並不適宜生命棲居，因此鑽進岩石或許是非常重要的步驟，這樣才能研究有機物質的可能存在棲域。因此大家都認為，新式漫遊車必須裝置鑽機。鑽出的粉末可以從漫遊車甲板上的進料口拋入，分析檢測有機物。此外還可以研究同位素比，這是認識火星生命和氣候歷史不可或缺的證據。這些測量作業要在戶外進行太困難，因此必須在漫遊車內建置實驗室。科學家還確認其他有可能在行動實驗室中進行的測量作業。

關鍵是具有夠大的空間，盡可能裝進最多東西。火星探索漫遊者的任務車，每輛只能攜帶十一磅酬載，完全不夠搭載那麼多測量設備。相較而言，科學家夢想的載具則如小型汽車般大小，能夠攜帶一百多磅實驗儀器。我們實在不敢奢望能成為其中一環，結果我們辦到了。

早在火星科學實驗室規劃初期，已經有一個委員會開會討論這趟任務的目標，還有可以把哪些儀器納入候選清單。我們的雷射儀器也獲選為委員會心目中的酬載項目，為此我們雀躍不已。然而這並不表示我們就會納入任務，因為每項實驗都是經歷激烈競爭才獲選，不過中選倒是有利於我們吹噓資歷。不幸的是，那個委員會在一年之後解散，新的委員會發展出一組新的模擬酬載（strawman payload），卻不再列入我們的儀器。不過這明顯依然是值得爭取的任務，因為一輛更大，性能又更好的漫遊車，擁有種種迷人的層面。

就火星科學實驗室酬載選擇方面，總署鼓勵各團隊在建議書中規劃儀器組合或儀器套件，別只著眼單一組合件。結果我們交上一次好運，接到一支團隊打來電話，那群經驗老道的火星科學家和儀器專家希望把我們的雷射誘發破壞光譜裝置納入他們的建議書，和其他幾件為火星探索漫遊者開發的儀器一併提交。我們見到一條可行出路，循此或能掙脫困局，讓許多無法開花結果的新概念走出典型窘境：由於新儀器不曾上太空，風險太高了，所以不能獲選上太空。就此有變通做法，可以找個內含可靠儀器的套組，加入成為其中一個部份，那支團隊邀我們加入，正符合這種手法。看來這正是我們成功所需的條件。

同時在二〇〇三年十月二日，我們也接到期盼已久的通知，航太總署再次資助我們的雷射誘發破壞光譜儀原型研發工作。從我們的第一筆火星儀器開發（Mars Instrument Development）資助停頓開始，已經過了將近兩年，那時我們只是竭力苦撐。這下我們就會有錢來投入工作，趕在建議書提交期限之前，落實亟需完成的若干事項。

我們這個新的提案團體打算在十二月開一次策略會議，地點訂在洛斯阿拉莫斯。我們邀請法國同事與會，他們也預訂行程。事情開始運作了。

這時卻出現一次打擊。出乎意料之外，那支科學家團隊竟然認為雷射誘發破壞光譜儀風險太高，決定不把我們納入他們的建議書。他們的主持人打電話通知我們，他們決定不讓我們加入那支老資格團隊。我們的優勢消失了，又一次形單影隻，沒有升空經驗的菜鳥儀器。假使我們真要提交建議書，也只能靠自己了。我們真有必要做做樣子嗎？既然知道勝算很低，大概是沒有必要了，不過我們又一次從火星儀器開發方案拿到補助，而且既然參與開發，也就應該試行搭上火星載具。事情敲定，我們必須提案。我們會把樣子做出來，而且會全力以赴！

我們早先已經著手規劃十二月會議，指望聯合團隊主持人能指導我們，該做哪些事情來預備建議書。然而那個團隊卻在會議兩週之前通知不要我們加入，於是我們急匆匆拼湊出自己的議程。法國團隊領導人莫希斯帶著他頂尖的機械暨光學設計師與會，我們討論了誰該做哪項工作。法國團隊明顯比我們更精擅望遠鏡光學系統，而且已經在研發一款原型雷射，所以望遠鏡和雷射都指派給他們。美國則負責設計一件優秀的光譜儀，用來收集、檢測光線，也負責示範整套儀器預期該有的性能。我們的新型光譜儀設計理念，紙上作業進行得不如理想。我們陷入困境。我們心生一計，腦筋轉向實驗室使用的一款小型商用儀器，決定試試是否能補強，讓它適合飛行。航太總署大概會嘲笑這個做法，不過我們眼前也只剩這最後絕招了。

我們說服海洋光學儀器（Ocean Optics，銷售那款商用光譜儀的公司）免費寄來一件用來接受「振動和烘烤」（shake and bake）試驗，讓儀器承受在發射階段會產生的振動，還有在太空中和火星上會經歷的溫度區間。振動試驗結果良好，熱度試驗就很糟糕。就火星漫遊車儀器的情況而言，「烘烤」說法名不符實，因為真正的挑戰來自低溫區間。我們發現那種光譜儀連地球北極環境都不適用。我們使用熱脹冷縮幅度不那麼大的材料，打造一個模型，接著反覆嘗試數次，最後做出一個性能完美的模型。這項成功試驗在建議書截止收件前一週才做出來。

除了技術小組之外，每項建議實驗都還需要一支科學家小組，負責解釋火星傳回的結果。幾乎所有頂尖的火星科學家都已經投入其他提案，我們顯然是稍嫌太遲了。我打了幾通電話，看看還有誰能幫忙，最後邀約幾位，包括阿布奎基城（Albuquerque）新墨西哥大學（University of New Mexico）的霍頓・紐森（Horton Newsom）、美國地質調查局的肯恩・赫肯霍夫（Ken Herkenhoff）、噴射推進實驗室的納森・布里吉斯（Nathan Bridges），還有航太總署艾姆斯研究中心著名的外星生物學者（exobiologist）克里斯托弗・麥凱（Christopher McKay）。莫希斯也邀約法國同行。我們當中好幾個人會在三月時前往休士頓，參加一次科學研討會，我們打算在那裡辦一次聚會。儀器會議召開前幾分鐘，太空探索老將班恩・克拉克（Ben Clark）來找我，毛遂自薦想加入我們的專案。克拉克的任務經驗可以回溯至一九七〇年代的維京登陸載具時期。我領他向會議室走去，會場盛況令人驚奇，所有人都興奮期盼雷射誘發破壞光譜儀能在火星探索派上用場。

二〇〇四年休士頓科學研討會上，大家對火星探索漫遊者雙車組得出的結果同感振奮。然而，研討會上的漫遊車成果提報卻存有一項明顯缺失。火星探索漫遊者是以車載紅外線光譜儀，在一段距離之外檢測物體，結果任務團隊在判定岩石的組成成分時卻遇上難題。從初步結果推斷，儀器是被火星上每塊岩石表面都覆蓋的塵埃搞迷糊了。我們的儀器只要發射幾道雷射，就能輕鬆移除那層塵埃。我們決定在建議書中強調這項優勢。

這時法國同仁邀請我們到巴黎開會，繼續討論技術課題。除了魁瑪斯之外，我還邀來兩位工程師，旋風式拜訪幾家雷射製造商和其他潛在合夥人。由於會議是在巴黎市郊召開，遠離鐵道路線，我們只能租車赴約。我們發現那輛車子裝了全球定位系統，心中相當開心。那是我第一次使用那種新鮮裝置，而且我們只遇上一個問題：花了好幾個小時翻遍說明書之後，依然沒辦法改變語言設定。那輛出租車恰好是德國製品，全球定位系統顯然也是。當我們在法國鄉間穿梭，一個溫柔女聲便講德語指示我們，什麼時候該左、右轉或者向前直走。我坐在前座翻譯德語，我們的機械工程師羅勃・惠特克（Rob Whitaker）懂一點法文，負責開車並翻譯法文路標。那是一段簡短卻很難忘的行程。

我們在法國的時候，還解決另一個問題：該給儀器起什麼名字？幾年來，我們已經反覆討論好些愚蠢的縮略詞，卻始終想不出真正可以採行的名稱。既然決定要增添一件成像儀，來為我們的化學測量提供視覺情境，我們一位組員便建議把名稱拆成兩半，稱之為「化學相機」，代表「化學和照相機儀器」。火星探索漫遊雙車也各裝一組成像儀，稱為「全景相機」（Pancam）。我們認為，不論是誰審查我們的建議書，「化學相機」一詞都能給他們一種似曾相識的感覺，同時卻也具有創新成分。這個名字確認了。

法國的原型雷射和望遠鏡正在接受測試，而我們的光譜儀則已經通過試驗。同時，魁瑪斯也在實驗室中得出重要的分析結果，還以雷射轟擊岩塊，打出令人欽佩的洞穴。建議書逐漸成形。由於洛斯阿拉莫斯和法國有八小時時差，所以我們的國際團隊能夠日以繼夜地工作。

最後一天校對工作終於完成，接下來就把化學相機建議書送去列印。我們都鬆了一口氣。大家已經盡了最大努力，也不該有人對成果感到羞愧。不過我們心中明白，要想和曾經升空的儀器同台較勁，獲勝的機會極端渺茫。最後結算，總共將近五十項建議案提交出去，只有少數幾項能夠獲選飛往火星。

第12章
拿到船票上火星

我開始整理辦公室，在我撰寫建議書那段漫長時期這裡一片凌亂。接下來就該把注意力轉移到其他事項了，但一顆震撼彈卻在這時引爆。二〇〇四年七月十五日，就在火星科學實驗室建議書送達華盛頓當天，我們的雷射實驗室出了意外事故。一位暑期來實驗室工作的實習生，沒有佩戴護目鏡又不小心直視一道雷射光束，結果造成永久性眼傷。

這起意外發生前幾個月，實驗室複合建築的另一區接連發生保全事故，而且牽涉到機密資訊。雷射意外是最後一根稻草。實驗室主管宣布，複合建築的所有工作全部暫停，等調查完畢而且分派再訓練之後才准復工。這次停工影響一萬名員工。大家都得上班，卻只准清理辦公室並溫習安全訓練教材。中止工作發生在週五——我連續工作多月以來，卸下工作的頭一天。我心理明白，倘若這些事件發生在幾天之前，我們就沒辦法提交建議書。

突然之間，把化學相機送上另一顆行星的前景變得黯淡。雷射實驗室會不會就此關閉，直到永遠？說不定我們的主管會決定不支持建議書。我去找上司，請示該怎麼做才可以讓航太總署放心，認為我們依然能夠落實那項工作。他建議最好撤回建議書，這種工作太危險了。發生保全和安全事故之後，那種心態無孔不入。不過我並沒有接受他的勸戒，而是徵詢實驗室其他人，後來我們寫了封信貼在一個公開的網站，表達那起意外不會危害建議案。然後靜待發展。

我不去想五十份建議書的競爭。首先，有支老經驗團隊一度向我們獻慇勤。他們很可能提出更先進的相機，加上另一款和火星探索漫遊者號車載裝置相仿的熱量發射光譜儀。這類光譜儀能以五到三十微米波長範圍來觀察火星表面，得出照度、礦物和熱量的特性。單憑那支團隊，或許再增添幾個創新點子，就有可能在審查時把我們轟下擂台。假使審查小組偏愛較短波長紅外線感測器，他們大可挑選戴安娜．布萊尼（Diana Blaney）那件預定由噴射推進實驗室負責製作的光譜儀。或者，倘若航太總署預算短缺，他們可以挑選由法國團隊提案的紅外線光譜儀。那件儀器會花歐元製造，航太總署不必出錢。由於不同晶體結構振動方式互異，各具特有的吸收和發射方式，這些紅外線裝置可以根據這類特徵判定不同礦物成分（假定岩石並沒有覆蓋塵埃），這點就是化學相機的殺手鐧。

另有其他幾種做法也能觀察這類礦物相。拉曼光譜法（Raman spectroscopy）同樣以紅外線和熱光譜儀檢測這種細微的晶體振動，卻不仰賴陽光和周遭溫度來激發晶體，這項在一九二〇年代發現於印度的技術是使用一道雷射。＊光束激發岩石所含晶體，部份反射光線也因此出現變化，光波波長受了晶體振動能量影響而延長或縮短。拉曼光譜儀曾獲選預計安上火星探索漫遊車的機械臂，結果卻還沒開始就被取消了。當初推動那件儀器的人是聖路易斯華盛頓大學（Washington University in St. Louis）的王阿蓮（Alian Wang）博士，當時她是火星探索漫遊者團隊的一員，毅然決然要讓她的儀器搭上下一趟火星航班。她投身火星探索漫遊者任務累積深厚經驗，也一直和噴射推進實驗室合夥共事。她和航太總署有密切的同盟關係。

還有幾位共同研究人投身夏威夷大學（University of Hawaii）推出另一項專案。拉曼光譜法世界級權威專家希夫．沙瑪（Shiv Sharma）巧妙示範效能，證實那項技術就像雷射誘發破壞光譜法，同樣也能在長距離外發揮作用。事實上，我們也和沙瑪與他的助理合作，協力開發一件組合儀器，希望能兼具雷射誘發破壞光譜法和拉曼光譜法的功能，不過那已經比這份建議書超前一步。兩支團隊各自投入這回合競爭。我們期望未來能和他們合夥爭取任務，不過現在我們可不希望被他們擊敗。除了夏威夷團隊之外，謠傳至少還另有一份拉曼光譜儀建議案。

這是我們知道的幾支競爭隊伍，不過他們顯然只是冰山一角。任務的主要驅動力量，其實是到時要裝在漫遊車內部的「行動實驗室」。行動實驗室內的儀器有可能包括五花八門的質譜儀、X射線繞射分析儀、中子和伽瑪射線頻譜儀，還有其他一切旁人設想得出的種種裝置。除了美國的建議案之外，還有些來自德國、俄羅斯、西班牙、加拿大和法國，說不定還包括更多國家。

審查委員肯定要忙碌不已，判定哪種儀器組合和哪支團隊最合宜。獲勝建議書甄選作業必須考量許多不同層面。絕佳儀器加上沒有經驗的團隊，等於是浪費科學資源。不過就算團隊專業和儀器性能構成優秀的組合，然而成本卻太高，或者儀器太大、太重，最後仍會遭否決。還有可信度也是重要因素。審查委員相不相信建議書所述主張？委員會有獨立成本估算小組，負責預估儀器成本，評鑑每份建議書的成本可信度。技術審查小組也執行相仿職能，不過是針對儀器性能。這裡沒有轉圜餘地，所有事項都得接受細部深入審核。

回到洛斯阿拉莫斯，我們的雷射實驗室依然關閉。事故調查在幾個月之後完成，設施整理工作也隨之開始。由於雷射實驗室並不是我所屬太空儀器部門的轄下機構，因此動手進行大掃除的時候，我並沒有接到通知。不過實驗室依然和航太總署簽有雷射的研究合約，而且最後也終於明朗，實驗室希望履行這項工作，不過管理階層並不急著重新授權使用雷射。

*這項技術原本使用另一種光源，用途有限，到了一九六〇年代雷射開發問世之後，才廣泛為人採用。

十月時，我接到航太總署通知，建議書遺缺一份簡短文件，要我們補齊。此外，法國太空總署評比他們當時參與處理的六份建議案，結果令人驚喜，我們名列前茅。我們轉告航太總署，但發現法國的評比在航太總署眼中沒有絲毫分量。

後來甄選進度耽擱一個多月，最終我打電話找噴射推進實驗室的酬載負責人，客氣地請教這是怎麼回事。他解釋耽擱緣由，也擔保我很快會聽到他的消息。「很快會聽到他的消息？」我不知道該把這句話當成正面或負面。我不認為消息會由他來宣布，因為這種通告通常來自華盛頓。我是為了禮貌才克制自己，不開口問他知道什麼消息。不過他確實知道某些事情，而且隱約帶了些微鼓舞語氣。這當中是否有什麼含義？

最後，在十二月一個冷得出奇的上午，我來到辦公室，聽到航太總署的火星計畫主管留下一則語音訊息，要我回電。我還沒有回撥就看到電郵傳來一則新聞報導，宣布火星科學實驗室漫遊車儀器甄選已經定案。我剛開始閱讀內容，電話再次響起，話筒傳來恭賀聲。我獲選了！不久，參議員辦公室也來電致意。我很快撥法國電話，向莫希斯報喜，但他滿心狐疑。往後幾天直到聖誕節都一團混亂，通知紛紛傳來、團隊組員相互連絡，還接受記者訪問。

我們登船了！我們選上了！儘管我們的實地試驗遭大火吞噬，即便老經驗儀器團隊把我們剔除，雖然我們的實驗室關閉停工，也儘管有人勸我們撤回建議書，我們依然雀屏中選。我們克服萬難拿到上火星的船票！

剛開始的激情稍微退卻之後，我檢視其他精選儀器。甄選團隊很喜歡新科技，許多奇巧器械都會登上載具。行動實驗室的首要儀器稱為火星樣本分析儀（Sample Analysis on Mars, SAM），內設一台烘箱和一件細小的氣體色層分析儀。這種裝置已經問世超過半世紀，實驗室用來分離大型有機分子，不過不曾升空。此外，火星樣本分析儀還會納入可調頻雷射光譜儀，這種設計來判定氣體同位素比的光譜儀，是非常新穎的技術製品。就連在地球上使用的可調頻雷射光譜儀，也才剛獲得肯定。漫遊車車身還會安裝一具X射線繞射分析儀，負責鑑定火星上的礦物成分。儘管在實驗室中使用頻繁，X射線繞射分析儀卻是太空儀器界的新面孔。獲選納入火星科學實驗室的科學相機都會配備變焦透鏡組，這也是嶄新要角。車上還會有輻射監測器、西班牙的氣象站，還有俄羅斯一項新奇的中子實驗。只有兩件儀器可以算是先前的任務品項再次現身，包括一具手持透鏡相機和一具α粒子X射線光譜儀，都是火星探索漫遊者儀器的改良版。

這些小器械都會成為化學相機的緊密盟友，同舟共濟航向那顆紅色行星。同在一艘船上服務的水手，彼此技能應該相輔相成。就火星科學實驗室而言，整體選擇似乎相當均衡。有扮演載具尖兵的遙控探測儀器，包括桅杆相機和化學相機。車上有環境偵檢器來探知氣候和輻射，並（使用中子來）尋找水分。行動實驗室套組挑得好。還有機械臂也裝了儀器（α粒子X射線光譜儀和手持透鏡）可以在機械臂伸出時派上用場。α粒子X射線光譜儀能彌補化學相機之不足。它能以X射線和α粒子轟擊樣本。兩種交互作用都會激使標靶元素釋放出特徵X射線，代表樣本最外側幾微米層理所含元素的特性，接著以偵檢器判讀X射線，得出標靶所含元素豐度。既然歷經幾趟任務琢磨改良，還能部署直接檢測樣本，所得準確度略優於化學相機。不過，由於我們的儀器不必靠機械臂部署，也毋須要求漫遊車貼近樣本，因此化學相機能進行的測量次數，遠超過α粒子X射線光譜儀。

我也斟酌沒有挑中的儀器，熱量、紅外線和拉曼光譜儀都不會隨行。鑑定樣本成分的工作，遙測部份由化學相機負責，機械臂可及範圍則由α粒子X射線光譜儀進行，或者把樣本導入漫遊車內，由X射線繞射分析儀進行分析。

酬載規劃預算原本是七千五百萬美元，經過通膨調整之後，只比火星探索漫遊者號酬載稍高。不過由於儀器種類倍增，複雜性也高出許多，所以我們也不確定結果會是如何。其他好幾次太空任務的酬載預算都三、四倍於此。各儀器團隊都覺得資金有點短缺。我們知道，要想讓開銷維持在預算範圍內，我們就必須非常努力才行。

第13章 新儀器攻防戰

在航太總署，即使儀器和概念獲選納入飛行計畫，並不表示一切就緒，可以製造了。獲選只是開始，往後還有漫長的程序，直到最後才能開始建造飛航組合件。獲勝團隊在進入最後設計之前，必須先走過好幾個中間階段，期間還得通過兩次重要審查。通常會先造出一件原型，也就是「工程模型」，測試之後才會動手裁切金屬打造飛行儀器。一旦飛航組合件打造完成，還得走過同等漫長的試驗時期，首先做單機試驗，隨後栓上漫遊車，再測試一次。

為什麼分兩次製造工程模型和飛航模型？依構想，原型得經歷全套環境、性能測試。凡有任何部份不能發揮作用，往後製作飛航組合件時，都得重新設計。工程組合件受到的待遇，通常都比飛航模型更為粗暴，試驗條件也比較嚴苛，飛行儀器就不會經歷這些風險。工程模型成品的外觀不必好看。第一次鑽洞位置不對，可以重新再鑽，新的零件有可能直接外掛上去。到最後，工程模型的飛行適切性，通常都遠遠不如所願。第二次嘗試總是做得比較好。就火星科學實驗室方面，工程模型會送往噴射推進實驗室，裝上一輛原型漫遊車，於是負責開發漫遊車與儀器界面的軟體人員，也就能開始工作。升空之後，工程模型也不必然就會被浪費，依然可以採用新的樣本繼續測試性能。

每項飛行專案都會經歷幾個不同階段。開發初階時期，各儀器團隊都得認識漫遊車團隊，彼此之間也得逐漸熟悉。建議書階段只牽涉少數人，選拔之後就會把整支工程師團隊帶進來。召集一群工程師共同投入一項專案的構想，就有點像是把一群從未謀面的陌生人統統關在一座荒島上。剛開始事情不見得都能順利進行，群體中有種種不同的個性和作風，多種不同的做事方法。所有人都有許多事情必須適應，每家機構都有自己的文化，大家各有不同的當務之急。團隊成員都忙著處理自己的事情，沒空去理會旁人和他們就某個部份或某個界面，可能有哪些需求。不過，求生存、求進步的需求，終究會推動大家攜手合作，於是大家都必須聆聽對方說話，共同努力處理種種問題。

這是我的第二項重大飛行專案。我對情況的可能發展已經有些許概念，不過化學相機團隊的規模，遠遠超過我的起源號團隊，其中半數成員還隸屬大西洋彼岸的另一種文化。同時，漫遊車還是嶄新的鋼鐵走獸，並肩負彼此競爭的眾多當務之急。以往製造的漫遊車，沒有哪輛是要納入十種不同的儀器，專案得克服嚴峻挑戰才能依循正軌走過早期開發階段。

剛開始時，我們這支團隊遇上的一項極大挑戰是連接漫遊車的界面。我們的化學相機設計區分為兩大部份。望遠鏡用來投射雷射光束，取樣時必須對準標靶。漫遊車的桅杆可以幫我們對準目標，所以我們把望遠鏡和雷射安裝在桅杆上，高高立在漫遊車車身上方。不過裝置太大了，沒辦法把整組設備都安置在上頭。我們不認為那會是個問題。我們在實驗室中使用光纖來傳輸光線，從望遠鏡導向安置在附近的光譜儀。許多人都是用了光纖裝飾燈才認識光纖，那種燈具的光線是從藏在內部的燈泡發出，傳向外端的纖維，形成一種會發出各種色彩的花樣。光纖大量運用在產業界，特別是電話和網際網路通訊光纜。當然，這類光纖也能用來為光學儀器傳輸光線。所以我們設計化學相機時便預想以光纖來傳輸光線，從漫遊車桅杆上的望遠鏡導向車身裡面的光譜儀。早四年之前，我們以商用現貨製造K－9原型漫遊車時，就是這樣做的。漫遊車各不同部位以纜索相連，全都由噴射推進實驗室負責，包括我們的光纜。起初我們認為這是好事，他們會全盤處理光纖開發作業。然而我們到後來才知道，漫遊車工程師承擔過重負荷，必須處理十種儀器，而且他們並不了解光纖，也不明白我們希望光纖為化學相機發揮哪種用途。

儀器的桅杆部和車身部相隔約只四英尺，依我們的建議書所述，規劃使用的光纜長度約六英尺，根據我們的K－9經驗，這個長度足夠連接並留有充分餘裕。我們向工程師說明，希望光纖儘量縮短，因為光線在光纖中傳播會局部流失。我們的計算顯示，偵檢器並沒有多少冗餘信號。然而，我們獲選過後數月期間，漫遊車設計小組卻把我們的光譜儀擺到車身內距離桅杆最遠的位置。我們聽說，因為其他事項必須優先處理。

此外，光纖纜索連同通往桅杆的所有其他纜索，都必須穿過幾處活動接頭，包括一處用來操縱桅杆左右轉動（方位），和一處用來控制桅杆上下指向（仰角）。依我們的構想，通過這些接頭只需把纜索留置外側，遠離接頭以免糾結在一起即可。我們可以安排充裕鬆垂部份，必要時桅杆就可以朝任意方向活動。結果這方面我們考慮得還不夠周延。發射時所有東西都必須牢牢綁住，就連短纜索也不例外。漫遊車工程師想用一種扭轉帽來解決這個問題。扭轉接頭部份的纜索得鬆散捲繞一個圓柱三圈，桅杆朝一個方向轉動時，纜索會纏繞得較緊，桅杆朝另一向轉動時，纜索就會鬆弛下來。不幸的是，採這種捲繞方式，纜索就得大幅增長，況且這種組合件還有兩個——每處接頭周圍各有一個。倘若我們採用這種做法，光纖纜索長度就會超過二十五英尺，比原先的估計長了許多倍。

我們努力尋思，除了扭轉帽之外，是否還有其他做法。能不能讓纜索在桅杆管內上行？不過這種做法不行，因為管子在接頭處並不是中空的。所幸，隨著計畫推展，我們的光譜儀安裝位置也爭取到較高優先等地，於是總纜索距離便縮短到二十英尺以內。這樣還可以接受。

在此同時，有關纜索製造的衝突也醞釀成形。漫遊車設計團隊希望在車身安裝幾個連接器，這樣就可以在裝配階段把漫遊車拆開，方便在車體內部進行接線。我們從來沒有用過光學連接器。在光纖中傳導的光線要通過接頭時，一端纖維和另一端纖維的接觸點必須完全對齊。任何些微變動，偏了百萬分之一英寸數量級都會減少傳達的光量。漫遊車工程師習慣使用電纜，兩件金屬在接頭處只須彼此接觸即可，纜線是否對齊並無絲毫影響。他們想用處理電纜的手法來處理光纖。我們知道這完全行不通。

儘管我們努力說明，漫遊車團隊仍希望沿著光纖至少安裝四個連接器，而且在那時候，他們也還沒有把光譜儀朝桅杆移動分毫。連接器僵局導致兩家機構人員彼此惡言相向，於是我去了一趟噴射推進實驗室，看看那裡的工程師為什麼堅持使用連接器。到那裡之後，他們給我一份文件，裡面詳細說明他們自認為能做出什麼成果。文件推估，裝了連接器之後，望遠鏡傳出的光線應該有十分之一到三分之一能夠傳抵光譜儀。然而我們在實驗室中使用的光纖，傳導各種波長光線的比例，卻能達到百分之九十八。我很震驚，他們竟然提出這種建議。這支團隊的優先要務顯然和我的並不相同。根據我先前聽取的說明，他們的工作是要支持我們的儀器，然而這份計畫卻肯定不能最大程度增進化學相機的產出。

討論之後，我改採另一套手法。我建議，乾脆把纜索整個拿掉。當然，這樣做根本行不通，不過我想知道他們會有什麼反應。那支團隊才剛主張，我們的信號損失七到九成是可以接受的，這卻讓我們珍貴的光線遠遠不只損失過半。若是我們整個把纜索拿掉，也只會再損失百分之十而已！我引來相當可笑的表情。隨著討論進展，有些工程師開始覺得難為情，他們竟然提議做那種事情，不過也有些人似乎並不是十分在意。會議結束，問題依然無解。

工程師首先必須相信，我們真的必須讓那些光子射入儀器。一般而言，設計進程的第一步就是確定必要條件。儀器需要多少信號，才能發揮它的科學性能？一旦需求確立，不同部件的必要條件也才能夠確立：儀器前端的望遠鏡，能接收多少信號？望遠鏡在把信號向光纖傳送過程，禁得起多少信號損耗？光纖在向光譜儀傳導途中，禁得起多少損耗？光譜儀必須達到哪種效率？還有，偵檢器的信號完整性和負責把信號轉為數位計數的電子電路，必要條件分別為何？我們先前已經擬出所有必要條件，而且也沒有幾個五倍率轉圜空間，我們的光纖不能那麼沒有效率。我們該怎樣讓這群工程師明白？

就在我開始感到問題解決無望的時候，我們卻接連交上好運。化學相機就要接受一次預估性能審查。在那次會議中，我們讓觀眾留下良好深刻的印象。觀眾得知我們對光纖纜索的顧慮，還有漫遊車組如何把纜索的優先等地排在後面。審查委員判定，現在我們的儀器的最大隱憂就是纜索。緊接這次會之後，其中三位審查委員還排定要參加一場漫遊車綜合會議。他們在那次會上把我們的顧慮轉知漫遊車計畫主持人，於是潮水立刻轉向。不到一個星期，我們就和噴射推進實驗室電話連絡，聽對方說明一項新的計畫，這次纜索全程只會用上一個連接器。後來他們聽說纜索性能得由他們負責擔保，於是那群工程師又把最後那個連接器取消了。

隨著計畫進展，所有人也都彼此認識之後，相互關係便隨之大幅改善。我們開始見到大家的共同目標。

剛開始，要想了解不同機構和文化的期許同樣是個挑戰。由於我們的實驗室是一處國防設施，依規定凡是和我們一起開技術會議的所有外國人，我們都必須逐一進行連串身家調查，並完成相關文書作業。二〇〇五年接近年尾之時，我們必須安排對化學相機的初步設計做一次審查。十四名法國同事打算出席，發表他們的成果，噴射推進實驗室也會安排約二十名專家與會，評斷我們的進度和計畫，包括審查委員和幾位漫遊車專案負責人和工程師。會議安排在距離洛斯阿拉莫斯約十五英里外的一處地點。事前我們已經把文件寄給法國團隊成員填寫，展開外籍訪客處理作業，結果及時回覆的人數非常少，有些人根本沒有回應。畢竟，會議並不是安排在洛斯阿拉莫斯，而且就他們而言，那些表格都是外文寫的，有些人根本不理會。就在會議快要開始之時，我們實驗室的外籍訪客事務組提醒各組負責人，未經批准的訪客都不得參與會議。

文件問題就要帶來大混亂。沒有填好表格的人士當中，起碼有一位是法國太空總署的高階主管。整支法國代表團誓言，倘若他被擋在場外，他們會全體拒絕參加。其中一人喃喃低語，「而且我們法國人很懂得怎樣罷工！」假使半數團員被趕出去或發動罷工，那我們也沒辦法進行審查了！假使我們的審查在最後一分鐘取消了，團隊分裂兩邊開始爭吵，那麼儀器也可能陷入險境。我們很快打電話給實驗室的最高主管，要求他們讓我們開會。所幸，他們想了辦法完成文書作業，同時也要我們承諾，往後一定更注意程序規章。

這些事情對相關人士來講都令人挫敗，不過我們還面對另一項更為艱困的技術挑戰：化學相機的偵檢器出了毛病，事情發生在開發進入第二年之時。我們的「保持單純」政策在這裡出了差錯。

所有太空任務都必須考量輻射對儀器和組件的影響。太空中到處都是輻射線——會損害人體細胞和電子電路的超高能粒子。火星科學實驗室和一般太空任務有別，因為這項任務是要上另一顆行星的表面執行，那裡起碼有一片很稀薄的大氣，可以為漫遊車遮擋輻射。況且太空船本身相當大，可以在前往火星的十個月航行時間，稍微屏蔽船內事物。就不利方面而言，漫遊車使用一台放射性同位素熱電式發電機來提供動力，到頭來這大約會產生出漫遊車承受的輻射劑量之半。不過總體來講，這個劑量對一項太空任務而言還算很低。

起初我們斟酌電子設計的時候，工程師告訴我們，輻射程度完全在商用電子零件能夠耐受的範圍之內。不過就大半零件，我們依然打算使用軍用級別組件，主要理由是我們希望讓品管人員感到開心。然而，由於三具光譜儀使用的偵檢器都是電荷耦合元件（charge-coupled devices, CCD），不容易找到軍用級別組件來取代。

電荷耦合元件就是種種不同相機採用來記錄影像的裝置，從手機到攝影機到科學相機都不例外。這類元件含有像素陣列，能把光轉換為電子信號並記錄在記憶卡。許多電荷耦合元件型號都非常獨特，深入檢視之後，我們發現我們打算使用的顯然是獨一無二。沒有其他偵檢器有那麼單純的輸入，尺寸諸元也絕無僅有。既然光譜儀就是按照這個組態來設計，除非我們想要從頭設計，否則基本上就只能選擇這種。許多太空船使用的感測器都很昂貴，往往還是訂製品項，每件成本高達好幾百萬美元。那種做法以我們的預算是無法接受的，和我們的做事方法也背道而馳。我們寧願追求務實，凡是能用的都不排斥。

打造起源號時，我們有一次翻遍城裡那家小五金店，尋找一種特定形狀的烹調鍋來當作固定裝置，用來製作儀器的一個彈性部份。就我們的光譜儀案例，我們選定的偵檢器，原本設計目的是做為食品雜貨店的條碼掃描使用。不過只要能用，這點我們並不在乎。而且它在實驗室中，也發揮良好效用。好幾年來，我們以這種偵檢器搭配使用好幾款商用光譜儀。當時固定使用商用製品也是最簡單的做法，因為我們這個實驗室分部並沒有人精擅電荷耦合元件。除此之外，這個組合件也通過太空飛行的「振動和烘烤」試驗。我們知道，送它升空之前，我們還得做其他幾種試驗，不過我們比較擔心的卻不是輻射劑量，而是溫度的作用。

從火星科學實驗室儀器選拔結果宣布之後，我們已經針對電荷耦合元件進行額外試驗。最後它們的耐受時間，比規定的門檻更長。第一步是為專案尋覓一位品保專家。我們選定一位熟人。不幸的是，那個人是位承包商，而這就代表我們必須走過一段冗長的承包核准歷程。選拔定案之後六個月，實驗室的合約處三度搬遷，大量工作都擱置下來。大體而言，委外簽約需要花四個多月，這段時間我們大可拿來做其他用途。

一旦簽約完成，我們還得徵得一家公司同意，讓電荷耦合元件接受多種試驗：熱、冷、加速度、高壓、真空、濕度、拉裂應力測試，還得在顯微鏡下接受細部剖析。

眼前我們就遇上好些問題。第一項試驗完全是就製造方面，針對做工品質和所採原料仔細分析。第一份報告提醒我們，電氣導線百分之百都是錫製品，這是航太總署禁用的原料。以這種材料製成的導線有一種非常古怪的特性，它們實際上會長出纖小的細絲。這種細絲可能碰觸其他組件，導致該零件短路。細絲還可能充當逆向的微型避雷針，導致周遭累積靜電電荷。沒有人真正了解這種細絲如何增長，不過業界隨處可見這類高倍率影像和失靈報告。這就能充分證明，我們的電荷耦合元件在這種情況下是沒辦法升空的。所以我們找來一家設於麻塞諸塞州的公司支付高昂費用，請他們用自動化工法把突出的電線浸入一缸熔鉛來除掉細絲。我們把手中的大批偵檢器送過去，全都接受熱浸處理。

鉛浸處理完成之後，接著就是曠日持久的偵檢器試驗。首先，我們送出一批七十五件電荷耦合元件，接受眾多非破壞性試驗（儘管只有三件要升空，我們仍需要試驗大量元件）。隨後這其中部份還經歷另一批次更嚴苛的折騰，包括高加速度、拉力測試和聲頻試驗。所有試驗都視情況需要完成兩次。這時從化學相機獲選升空已經過了一年半，試驗作業也將近完成。早先我們就決定要等到最後才做輻射試驗，心中篤定認為能通過。我們打算先送一件偵檢器接受這項試驗，接著研究不同組合件的統計變異。第一件經照射的電荷耦合元件送回來了，不過我們有其他事情在忙，品保人員也出國了，所以就把它擺著過了好幾週。二〇〇六年七月，我們回頭關注偵檢器。

那是週二中午，我終於發現悽慘的結果：那個組合件完全沒有用了！受照射元件的背景雜訊完全破表。我大為震撼。是哪裡出了差錯？我不能相信結果。然而隔天我們就得向噴射推進實驗室提出每月報告，於是我把電荷耦合元件結果納入，並指出這是暫時性結果。

當晚我熬到很晚。事實上，我完全沒有睡好。我核對確認那次試驗做得很正確，問題並不是出在輻射過量。我還發現，文獻也提過一次雷同試驗，不過由於不同放射性單位的轉換係數我並不熟悉，也就沒有看出這當中的意涵。最後，我注意到一項偵檢器建構分析曾提醒讀者，電荷耦合元件相當容易受到輻射影響。這時我開始納悶，不知道計畫還有沒有機會奮力一搏，會不會由於這個必要的修改而胎死腹中。我祈禱不要有這種結局。

隔天我們提報這個壞消息，並誓言全力檢視其他對策。那晚我又熬到很晚，這次是瀏覽網路，看看能不能找到另一種電荷耦合元件來搭配光譜儀。結果令人驚喜，好幾款科學等級儀器的設計規格都能耐受輻射。這類偵檢器都呈矩形，並非我們規劃的單條式像素組態，不過也只能這樣了。翌日我們一位團隊成員打電話到那幾家公司，詢問合不合用，有沒有貨。書面看來最有指望的一種，必須等候八週才有貨，看來連初步試驗都得煎熬漫長時日才能完成。

第二天，噴射推進實驗室的酬載負責人依進度來訪，討論另一項課題，結果那次會議完全著眼於電荷耦合元件。那群主管慨然允諾，我們能用上任何專門知識儘管提出，只要他們懂得的都絕對幫忙。往後幾天，我們打電話和噴射推進實驗室各方專家做線上會議，所有人都喜歡我們的候選偵檢器。為遷就新的元件，儀器其他部份也得修改，其中幾項就初步看來，似乎不會太過極端。我們的工程師也投入尋思，如何因應處理。

接著又發生更令人驚喜的事情。我們聽說，那家廠商還有好幾件偵檢器存貨，我們可以立刻下單訂貨。早先我們擔心得枯等八週，最後竟然不到一週，貨就送到我們手上。海洋光學儀器（和我們搭檔的光譜儀公司）也得以立刻投入修改，儘管後來若干改動項目把我們的進度拖下來，而且新的偵檢器成本也大幅提高，從每件一百美元提高到五千美元，化學相機看來總算不再有致命危險，起碼不是出自偵檢器。

不過我們的問題並沒有就此結束。到了這時，另一個完全不同的組件，也開始讓我們食不下嚥。化學相機預計使用兩類光纖把光線導入光譜儀，其中一種是噴射推進實驗室會提供的二十英尺纜索。另一種是儀器本身內建的一組光纖束，這種組合件各由十二到十九條徑寬約與人髮相當的細小纖維共組而成，因此稱為「束」。我們運用光纖束來塑造光線。光纖一端的末梢彎成一個圓圈，另一側末梢則全都排成一列，也就是我們希望光線導入光譜儀時的形狀。光纖束採用這種設計可以提高儀器的性能，不過採用光纖束其實有點事後諸葛，所以計畫之初並沒有訂購。這時我們也設法迎頭趕上。

光纖公司起初反應很遲緩，於是我訂了飛往麻塞諸塞州的機票，打算前往那家工廠親自說明，他們那種細小的組合件對我們的計畫是多麼重要，然而一上飛機就知道事情不對勁。起飛時間到了，機組人員依然慢條斯理，終於有一位服務人員用播音系統宣布出了機械問題。我們在兩個半小時之後出發，但我抵達明尼阿波里斯（Minneapolis）後原定的轉機班次已經起飛了。為了儘量縮短行程，我事前規劃在隔天上午會議過後立刻趕搭一班飛機返航。然而眼前已經沒有其他東向航班，所有事情也都搞砸了。

航空公司想安排我搭乘的班機抵達麻塞諸塞州時，我的回程班機也已經起飛返航。我說明自己的尷尬處境，航空公司幫我想個辦法讓我早點抵達會場，不過卻得在芝加哥多停一站。那是二月中旬的晚上，也是那座風城一年中最冷的一夜。我抵達時已經非常晚了，還必須走過四分之一英里前往旅館，到那裡我可以睡上幾個小時，然後趕搭早上六點鐘的班機。我向旅館跋涉，途中零下寒風來勢洶洶，陣陣向我狂掃，刮起骯髒積雪撲面而來，終於來到空無一人的大廳。

所幸，早上的班機飛行順利。公司高層親身熱烈歡迎，我們也得以就合約細節深入討論。他們把交件時間縮短到約十二週，這樣看來還過得去。這種光纖十分纖細，極難處理，必須在顯微鏡下膠合並做拋光處理。我們根本是逼他們超出產能。我邊聽他們解釋加工流程，心中也愈來愈能認同，製作這種裝置確如他們所說，必須花那麼久時間。我判定，我們可以應付延後交件。

不幸的是，收到光纖的時候，我們卻發現製品只能發揮局部效能。有些光線能通過，因此看來彷彿有用，然而光子計測量結果卻顯示光線大半在纖維內某處流失了。起碼還得再來一輪，才能糾正。

化學相機專案計畫進展緩慢，但我的家庭卻必須照著步調生活。我們的專案大概進展了一半，製造火星儀器的歡欣心情已經消磨殆盡，每天我在實驗室處理種種不順遂的事項，掙扎十一個小時之後回到家裡。我那麼晚回家，神情又那麼疲憊，家人都感到厭煩。我的太太和孩子對於我們的不幸遭遇愈來愈沒有共鳴，於是我也不太和他們分享箇中細節。有時提起那些問題，還會引來料想不到的反應，於是光纖束問題也就成為我們晚餐桌上最受歡迎的話題，卻不是指討喜的那種。

我的兒子當時一個十三歲，另一個十歲，已經到了不再把爸媽當成英雄的年紀。想必我就光纖的問題，對他們發牢騷發得超過了一些。他們完全不明白光纖是什麼，莫名其妙誤以為那是有趣的笑話。「把拔，你今天弄光纖束弄得怎樣？是不是還在惹出大災難？我們該不該為它們祈禱？」老大卡爾森粗聲粗氣地問道，他才剛開始變聲，從男童轉成青少年嗓音。「光纖束！」弟弟以撒用尖銳的高嗓音，怪腔怪調附和，特別強調那個「束」字。他反覆講了大概七次，還咯咯笑得滾下椅子翻倒在地上。「光纖束、光纖束！」接著他又反覆講了好幾次，邊向空中蹬腿，又怪笑好幾聲。「我們還在處理，」我滿心疲憊地回答他，試圖恢復餐桌秩序。這種儀器問題不是隔夜就能解決，不過很難向我的兒子說明這種緩慢進程，畢竟，他們只希望我能多陪陪他們。

後來我們邀集噴射推進實驗室和高達德太空飛行中心（Goddard Space Flight Center）的航太總署光纖專家鼎力相助，最後光纖才終於能夠充分發揮作用。

二〇〇七年，夏季再次降臨時，我們收到從法國送來的桅杆裝置原型，含雷射、望遠鏡和相機。我們的法國同事在創記錄時間內完成他們的工作，才花兩年半就交出一件工程模型。化學相機就要振作起來了，我們可以開始轟擊岩石、拍攝相片了。

交件過後不久，法國團隊部份成員來訪，包括我的好朋友莫希斯。他們來這趟是想要測試法方和美方儀器部件之間的電氣連接和軟體指令。我們完成許多進度，不過我們知道這一週的工作日較少，因為緊接著就是勞工節週末。週四收工時，相機影像已經能夠從法國製造的桅杆裝置，順利傳輸到儀器的電腦（裝在洛斯阿拉莫斯製造的裝置裡面），接著又轉往我們的漫遊車模擬器和筆電。不過週五我們的技術幕僚都不會上班。

當天上午，莫希斯和我都忙著和其他科學家討論，談校準作業和當時正在進行的火星模擬作業。不過到了下午，我們都迫切想回頭處理化學相機。莫希斯希望在較遠距離外拍攝相片。法國那裡的組裝室太小，沒辦法這樣做。我們在洛斯阿拉莫斯的無塵室是為了儲藏小型衛星而設計，一側裝了一扇車庫門，衛星可以從那裡直接運入隔壁的大房間。只要打開車庫門，我們最遠可以從三十英尺距離之外拍攝相片。我們這樣試做了一下，接著還希望能再拉長一些距離。畢竟，我們的相機是透過一具小型望遠鏡對外觀察，有點像是運動播報員，在看台上方包廂使用的長程鏡頭。我們的無塵室，甚至我們較寬敞的外側房間根本不夠用，但是我們想到，只要有一面鏡子就可以讓距離加倍。化學相機可以看著反射鏡中的本身影像，來一張「自拍」。只可惜我們沒有鏡子。

我在實驗室到處搜索一陣子，最後莫希斯建議到洗手間試試看。這是個很可笑的點子，不過浴室鏡說不定可以派上用場。男廁牆上有一面小鏡子。我們拿來一支螺絲起子，動手卸下鏡子，卻拆不下來。莫希斯溜進女廁，連門都沒敲。就這方面，法國人往往稍嫌不夠莊重。他邀我進入，查看五金部份。女廁裝了一面很棒的鏡子。那是一面全身鏡，只要有螺絲起子，很容易就可以從牆上拆下來。環顧四周無人，我們取下鏡子，搬過走廊來到實驗室，接著拿一些箱子架起鏡子，調正角度。我們輪流在三十英尺外的化學相機後面蹲下，對著反射鏡拍下照片。相機和望遠鏡在六十英尺有效距離之外，為我們拍下漂亮的臉部鏡頭。

到了夏末，看來專案計畫的中間部份（最糟糕的部份），已經結束了，我們的工程模型已經快要完工，也已經開始製作飛航模型。前兩年過得非常艱辛，我期望接著就能輕鬆一些，團隊其他成員也一樣。當時我們一點也不知道，再過不到一週就要遇上最嚴重的威脅。

第14章 取消任務

火星科學實驗室漫遊車計畫的頭兩年財務狀況還不錯。有些部份的成本提高了，不過動支計畫預備金仍綽綽有餘。我認為以漫遊車這般規模的重大專案而言，執行狀況可說非常順利。就我所知，多數大型任務到頭來都陷入財務困境。航太總署的常態反應是拿掉部份酬載儀器。去除的部份（就是「刪減規模」的部份），有時候會讓任務的科學收益殘缺不全，卻只能減省非常小幅成本。不過遇上成本超支時，不這樣做就只剩其他兩種選擇：讓成本提高，或取消整趟任務。問題在於，所有任務真正重大的成本都在於發射載具（火箭）、軟體，還有讓事情發揮作用不可或缺的大量工程作業。總之，大半成本都投入不可或缺的事項。

就火星科學實驗室漫遊車的情況，剛開始時，酬載部份在初估十四億美元的任務當中，佔了七千五百萬美元。倘若任務總成本只追加百分之七（就是一億美元），那麼航太總署就可以合情合理取消所有酬載（出任務的整個理由），結果也省不下足額費用好讓任務侷限在原始成本範疇。

七千五百萬美元酬載金額從一開始就不恰當。儘管當初把整組儀器全部加總起來確實就是七千五百萬美元，然而為了配合漫遊車的實際規格，各件儀器也都必須做出許多修改。就化學相機的事例，桅杆到車身之間的配線，原定由噴射推進實驗室提供。我們原本要在車身裝幾個電壓轉換器，為桅杆提供動力。然而，噴射推進實驗室指定的配線卻太細了，從車身向桅杆傳輸的電壓會大幅降低，最後只好變更我們的計畫。還有光纖的問題，耗用了大量資源。

更有甚者，噴射推進實驗室開始擔心漫遊車的質量。每套子系統的重量似乎都增加了。為了守住底線，噴射推進實驗室向酬載各組領導人宣布，他們會撥款讓我們設法減輕儀器重量。原本計畫用鈦來製造光譜儀，這是非常安定的耐熱材料，可以用來容納光學器材。系統工程師約翰．貝爾納丁（John Bernardin）則建議使用鈹製造這些裝置。

用鈹製造非常昂貴，況且鈹塵會危害健康，必須採行特殊控制做法。使用鈹製造化學相機，廠商就得花更久時間製造，團隊成員也需要特別訓練，往後修改裝置也會遇上許多限制。這一切都要花錢，不過可以省下約兩磅，等於把安置在車體的裝置對半減重，而且噴射推進實驗室願意投入好幾十萬美元支應這筆開銷。我們同意為化學相機減重，來交換額外資金。

我們的儀器經過多項修改，累加起來多出好幾百萬美元。頭一年工作結束之際，我們和噴射推進實驗室簽了一份協議書，把我們的成本最高限額，從建議書所述略低於七百萬美元提高到約九百萬美元。這當中有很大程度是受惠於一個事實：儀器有相當部份，包括雷射和望遠鏡，都是在法國製造並由法國出錢。

火星科學實驗室漫遊車的其他儀器團隊，也同樣經歷這種調整問題。就某些狀況，他們發現組件和勞力成本都超出當初計畫。好幾件儀器的最初成本，原本就是化學相機的四、五倍，後來成本又倍增。到頭來，兩項最昂貴儀器的成本，合計超過一億五千萬美元。這並不會令人驚訝，因為以先前那組火星漫遊車規模遠比這次更小的酬載來算，不經通膨調節的成本都遠超過四千萬美元。

另一項成本遠超出預期的組件是取樣臂和樣本預備與處理系統（Sample Arm and Sample Preparation and Handling system, SA-SPaH）。這套裝置含一具磨石機、一具鑽機、一具碎石機，還有為兩組「分析實驗室」儀器分別設置的進料系統，進料口開在漫遊車甲板上，樣本研磨成粉後倒入，由分析儀器進行評估。科學家還決定把岩粉倒在一個觀察盤上，對它拍攝近照影像。從先前幾次漫遊車任務得知，磨石機和鑽頭早在任務結束之前都會變鈍。工程師非常樂意為鑽機和磨石機設計可以快速更換的鑽磨頭。不過這項作業採自動化操作會非常複雜，還會大幅增加接頭以及其他活動零件的數量。投入研發取樣臂和樣本預備與處理系統的工程師增多了，完成日期卻往後推遲，最後整個系統變得太複雜，最後只好又縮減設計。

漫遊車的其他幾個部份也在這時遇上問題。火星科學實驗室應該是終極版全地形載具，能在任何氣溫下運作，最低能夠耐受火星大氣冰點溫度。早先航太總署便規劃採用幾項新技術來製造車上馬達，其中一項是換下不銹鋼軸承改採鈦材，期能減輕幾百磅重量。

第一回合試驗時，新的鈦齒輪失靈。航太總署訂購的第二批，成本卻大幅飆漲。此外，齒輪預計交貨日期一再延後，於是噴射推進實驗室就必須為計畫保留較多人手，延續較長時期，也因此抬高人事成本。

漫遊車面臨成本危機。然而由於航太總署的所有任務成本全面增加，就他們來講，這也只是更大局面當中的一環。航太總署手上的業務組合，包括分別處於不同階段的幾項任務。有些接近隨時可以升空，另有些則仍在規劃和可行性評估階段，好比詹姆斯．韋伯太空望遠鏡（James Webb Space Telescope）。有些任務，例如進展順利的火星探索漫遊者雙車組，則已經在若干時日之前升空，到這時還要求把任務時限延長。

所有成本壓力全都上呈航太總署太空科學部新任副主管艾倫．史騰（Alan Stern）博士，史騰博士承諾嚴格控管急遽攀升的任務成本，所以到了二〇〇七年夏季，當火星科學實驗室管理團隊畢恭畢敬前往華盛頓時，史騰博士便要他們回去設法樽節開銷。

成本控管是航太總署行政部門最吃力不討好的工作，要準確估計新技術的成本可說困難至極。權威行家歸結論稱，要想了解一項新計畫的成本，就得著手投入開發階段才行。你也可以說，新技術就像隧道：你探望未來卻只見得到短暫距離。倘若某些專案的未來演變得非常昂貴，那麼等你察覺的時候也早就起身進入那條隧道了。

再者，航太總署每位行政主管都希望享有發起新任務的美名，而且是多多益善。財政保守沒有什麼政治利益。史騰博士肩負前任主管發起任務帶來的財政包袱，他希望擬出新的任務，並由他親自監督。航太總署需要儲備資金，一旦任務超出預算，他們才能支應使用。然而，政府會計部門不會考慮撥款支應這種以備不時之需的資金。

華盛頓回絕之後，火星科學實驗室管理階層陷入兩難。假使任務仍在設計階段，要挪除一件儀器或支援系統就比較簡單。然而到了那個時候，儀器多半都設計完成，進入製造階段，況且取樣臂和樣本預備與處理系統已經局部刪減。

各儀器領導人在帕薩迪納召開緊急會議，審查刪減選項。那張清單很短，列了一套用來輔助降落的備援軟體系統、一件備用動力包，以及各項儀器。儀器都在最後製造階段，相關合約也早都簽定，大半工作也已經完成。我們在會後離開帕薩迪納時，心中都覺得在這個節骨眼上實在無計可施了，若是取消這趟任務就浪費投入的五億多美元，而且對往後的火星探索計畫也不會留下絲毫建樹。

航太總署決定拿掉某些任務項目。我有點擔心化學相機，因為雷射技術是新的。就政治支持度而言，傳統分析技術已經比雷射誘發破壞光譜法超前幾十年，因為研究生做論文時已經下足苦工，對這些技術的細部枝節早就瞭如指掌。他們在成長過程中不斷接觸這項知識，還把他們的事業生涯押在這些技術歷經考驗的可靠方法上。儘管我們是新來乍到，卻有法國人站在我們這邊。航太總署肯定不會貿然移除這件儀器，畢竟我們的協力國家已經在這上頭投注好幾百萬美元。若是真的拿掉化學相機，就可能表示兩國未來的合作都要夭折，況且其中還有幾個案子正在執行。

刪減規模問題似乎只虛晃一招就平息下來。帕薩迪納那場緊急會議，是二〇〇七年八月第一個星期的事情。那時候，我們的化學相機開發進度似乎停滯不前。電子學團隊仍在加緊處理新偵檢器運作，不過到了九月初終於努力有成。雖然仍不完美，卻能正常運作了。我們把偵檢器裝上工程模型，動手進行第一次全面測試。有許多專案計畫工程師從來沒有見過雷射誘發破壞光譜儀實際運作，我們便請他們到無塵室進行第一次試運轉。所有人都戴上雷射防護鏡，我們控制雷射。碰！等離子閃光從岩石表面噴發到一段距離之外。這時資料從儀器傳進電腦，所有人都把目光落在監視器。來了！沒有人會看錯的細小光點。我們知道從這裡還可以進一步調校。團隊士氣高漲，化學相機能運作了。

我知道我們眼前還有許多工作要做，不過我開始感到輕鬆一點了。我們家在那個夏天的度假安排，包括前往加州理工學院參加一場火星研討會——稱不上是什麼家庭活動。九月初，關恩和我開始討論要遠離俗事，慶祝我們即將在秋季來臨的結婚二十週年紀念日。我們徹夜計畫來一趟週末郵輪假期，沿著下加利福尼亞州海岸航行。我認為這時離開應該還好，起碼短時期是沒有問題的。我們上網處理完所有細節，再多討論一會兒，接著就摁下「購買」按鈕。起初沒有反應，接著一個視窗出現，說我們逾時了。時間已經很晚了，我們決定隔天再預約。

隔天上午我上班時只比平常晚到幾分鐘。踏出車門時，我打開公務手機。裡面有一則語音訊息，傳達時間是前一晚（九月十一日），留言要我盡快打電話到航太總署總部。我的心思開始翻騰，會是有關刪減規模的事情嗎？

我撥給航太總署首席火星科學家麥可．梅耶爾（Michael Meyer），他劈頭就講，「羅傑，我有個壞消息。」我的心向下沉。我讓他說完，他表示化學相機被取消了。他講完之後，我問他取消的原因。他說那是基於儀器成本因素。我回答，「你簡直是在開玩笑！」我解釋，我們的成本預估額度和當初與漫遊車團隊的協議相比，只約高出一百五十萬美元（其中大半出自更換偵檢器）。我們還有些錢存在銀行，而且也只需要不到兩百萬美元就能把工作完成，現在取消會浪費將近一千萬美元，何況還有法國的貢獻。法國投入的資金將近兩倍，他們對這種做法會怎麼想？梅耶爾的反應是，「真的？」他似乎不清楚法國的貢獻。我又花了時間說明，不過這場爭論到最後變得很累人。梅耶爾顯然認為取消化學相機是很糟糕的點子，不過我必須和他的上司討論。他要我們安排和主管階層開會。

我掛上電話後有人來敲門，原來有一位地質學教授領著一群熱忱學生，前來認識我們這項令人振奮的雷射誘發破壞光譜技術。我啞著嗓子哽咽向山姆．克萊格（Sam Clegg）說明，航太總署打電話通知，他們要取消化學相機。克萊格是我們這項雷射光譜技術實驗室的負責人，他安排訪客去別處參觀，好讓我處理這個問題。

下一通電話來自法國。那是我們的專案主持人巴勒克拉夫，還有噴射推進實驗室的酬載專案經理埃德．米勒（Ed Miller），他出差到法國，和化學相機團隊做技術交流。所有人都不敢相信。討論持續一段時間，最重要的是，我們獲悉法國太空總署的署長和他的副署長已經排定要前往航太總署總部拜會，商討其他合作事宜，時間恰好就訂在下星期。我們的法國同仁轉告這則消息，確保化學相機取消議題會提出討論。

在此同時，漫遊車其他儀器領導人也召開會議，我起草一份簡短備忘給我們的科學小組。

當天其他時間我都忙著接待訪客，也和我們的技術小組交流。目前還沒有很多人知道那項決定，這是好事。這不可能是真的，這肯定是場惡夢，關恩和我決定取消結婚紀念日計畫。

接下來幾天都忙著到處開會。我們和航太總署指揮體系各階層人士商量，梅耶爾的上司打電話和我們的主管階層討論。我辦公室走廊對面的一位女同事，認識總部指揮體系再上一層主管，那是她研究所時代的熟人。她和那個人連絡，討論結果似乎證實，他對化學相機相關事項並不是完全清楚，包括我們和噴射推進實驗室的財務協議，還有法國對計畫的諸般貢獻。政治原因也變得稍微明朗。看來航太總署是不敢追究另外兩件儀器，因為那是在航太總署兩處中心分別製造的。那兩件儀器的成本十倍於化學相機，成本超支也達十倍，然而由於化學相機並不是由航太總署的中心研發，因此我們被盯上了。這時史騰博士已經公開宣布那項決定，還在媒體上譴責我們的儀器和我們的研發單位。我們的主管階層不喜歡這種手法。

我靜候法、美兩國航太總署的華盛頓高峰會談出什麼結果。法國署長先前承諾要提出這項議題。倘若真有誤會，他們肯定會澄清真相。莫希斯和雙方代表，以及他的太空總署副署長都有聯繫，他還在法國時間的夜間很晚時刻打電話給我。華盛頓會議開完了，他的關係人肯定告訴他，他們已經把化學相機的議題提出討論。我們又等了一天，卻沒有聽到任何消息。最後，我打電話到噴射推進實驗室找一位同事。一個非常可靠的消息來源告訴我們，他聽到史騰博士表示，法國主管完全沒有在會上提起化學相機。這是怎麼回事？這實在太扯了！

法國主管團隊從華盛頓繼續前往西岸的噴射推進實驗室，參加一場太空時代五十週年慶祝會。我們安排和噴射推進實驗室主任討論這次取消事件。整個來講，噴射推進實驗室對我們的儀器是又愛又怕。噴射推進實驗室許多工程師和行政主管說不定都認為，化學相機是威力強大的死光槍，萬一機械臂失靈，他們摯愛的漫遊車就可能有某些部份被毀。然而他們也非常興奮，能把這件閃光儀器裝置在他們的大無畏新式大型載具。雷射砲和他們的火星作戰坦克非常相稱。不論如何，法國主管獲得噴射推進實驗室主任查爾斯·伊拉齊（Charles Elachi）親口保證，他的機構會全力支持化學相機。從那時候開始，噴射推進實驗室和法國太空總署就努力合作確保成功。伊拉齊主任後來獲頒法國榮譽軍團勳章（French Legion of Honor），發表受獎演說時，他還特別提到化學相機，戲稱它每次打中岩石發出的轟擊聲響，就像以極高速歡呼「法蘭西萬歲！法蘭西萬歲！」

法國團隊訪問結束了，事情依然沒有解決，我們的科學小組決定發起一場寫信運動。化學相機相關資訊已經洩漏，新聞界流傳許多不實消息，不過我們堅決只從正面角度做出反應。我們起草一封信，向科學界報告化學相機的成本相當低廉，把它當成刪減的目標十分不當。我們清楚說明，這件儀器是我們和法國太空總署的合作計畫，他們是未來太空合作案的優良合夥人，我們還特別強調這件儀器的重要貢獻，沒有它，火星科學實驗室實在很難落實相同成果。我們敦請每位同事都寫信，發給航太總署涉及這項決定的所有主管，籲請他們秉持建設性態度來處理這個狀況。我每夜都待到很晚，撰寫好幾百封電郵，我們的組員也都如此。大家不只發送訴求電郵，還紛紛打電話連絡。一位科學家在她任教的大學宣揚此事，說服大半學生寫信給航太總署。過了一週，我到噴射推進實驗室開會，我的座位前面就是這場運動的標靶之一。那個人的筆電開著，開會時一直瀏覽電郵，最後怒氣沖沖轉頭表示，「每天光是從這所大學就收到好幾百封講化學相機的電郵！能不能拜託你要他們別再發信？」我很遺憾讓他不開心，不過我們並沒有收手。

我們貫徹寫信運動，依計畫向航太總署的獨立顧問團體下工夫。知名科學家會定期開會，就火星、金星、月球和外行星等方面向航太總署提供建言。接著這些團體向行星科學小組委員會（Planetary Science Subcommittee, PSS）提報，隨後小組委員會又向國家科學院（National Academy of Sciences）的航太總署諮詢委員會（NASA Advisory Council）提出報告。行星科學小組委員會排定在十月初開一次會，事實上，到時航太總署多數主管都會到場。莫希斯也來了一趟美國，所以我們都可以出席。我們在那裡和航太總署各階層主管見了面，莫希斯和我都見到史騰博士。我們熱誠交談，大家全心全意設法做好自己的工作。然而，我們的目標卻南轅北轍，航太總署各級主管似乎都是在這次會上才第一次聽到這個議題。後來我還聽說，他們都站在我們這邊，唯一例外是當初做出那項決定的那個人。行星科學小組委員會向航太總署諮詢委員會提出一份措詞強烈的建議報告，要他們設法讓化學相機重新納入漫遊車酬載。我們發起最後的政治動作，籲請相關領域最富盛名的幾位人士幫忙，運用他們的影響力來襄助化學相機。

我們還清理預算，看能不能讓航太總署覺得這次交易有點甜頭。我們裁減備用零件和試驗所需款項。法國團隊也答應派一位工程師過來，就他權限範圍提供協助。我很猶豫，不希望成本估計額刪減太多。當你研發絕無僅有的儀器時，事情經常會出錯。我們必須有資金來應付免不了的差錯。不過這時只能孤注一擲。

漫遊車團隊其他分組對我們的支持令人驚喜，有些科學家獻出他們的資金支持化學相機，化學和礦物學X射線繞射分析儀（CheMin XRD instrument）主持人戴夫．布萊克（Dave Blake）捐出他的半年年薪幫忙我們回歸任務。

儘管我們很可能停工，但技術小組依然持續不懈。我們的資金還可以撐到年底，況且也還沒有收到正式停工命令。有人開玩笑在我們的電子學實驗室入口擺一個捐款罐，還真的有人把零錢投進去。儘管這般輕鬆應對，大家內心卻很擔憂。我們的系統工程師貝爾納丁和另一項專案簽約受聘，先做兼職，萬一我們最後停工，那也是個保障。所有人都愈來愈感到疲憊。

「取消事件」過了一個多月，一天下午巴勒克拉夫從實驗室回來，表情比平常更憔悴。他咕噥表示，「壞電纜恐怕已經把我們的系統搞壞了，」接著他立刻撥電話到噴射推進實驗室。他們全權負責連接法、美兩部份儀器的纜索，而且他們才剛送來一條新的飛行類型電纜，讓我們裝上工程模型進行試驗。這台工程模型接近完工，正打算送交噴射推進實驗室。巴勒克拉夫把電纜裝上，啟動化學相機，結果出了大錯，電流爆發尖波脈衝。他立刻關閉所有機組，卻仍傳來一陣令人噁心的焦味。隨後再把舊電纜接上，卻什麼都不靈了。儀器完蛋了！我們的電機小組進入疑難排解模式。

化學相機的法製和美製部件全都嚴重受損。我們檢驗那條電纜，把它送回噴射推進實驗室。後來我們才得知，那條電纜原先是設計成兩條，一條用來供電，另一條是信號線，後來卻有人決定把兩條合併。兩條纜索原本各含數條電線並分別標上編號。合併設計把相同編號的電線全都連在一起，結果一號電源線不但和另一邊的電源連接器的一號線相連，還接通一號信號線。沒有人揪出這個錯誤。幫噴射推進實驗室製造電纜的承包公司，拿到什麼設計就怎麼生產，其他一概無從得知。噴射推進實驗室和巴勒克拉夫都做了「引腳輸出」（pin out）測試，也就是說，他們對電纜做了簡單檢驗，確認該有的連接是不是都相連，也確認相鄰電線彼此沒有短接電路。然而一旦電纜製造完成，要想查出這種險惡的錯誤幾乎不可能。結果是信號線出現太高電壓，把儀器的兩邊部件全都燒壞。噴射推進實驗室的工程師和管理人員都嚇壞了，他們的主任才剛答應要竭盡所能讓我們的儀器重新歸隊，結果他們卻成為幫凶，把它給毀了。

法國的電子裝置箱被送回法國，約一個星期就修復並送回我們這邊。我們嘗試修理我們這部份儀器。然而即便更換明顯受損的電子零件，這件裝置卻依然頻頻出錯。有時正常運作，接下來卻又失靈。隔了幾分鐘後，部份組件會有反應，然而光譜儀傳來的信號卻雜亂無章。這個問題每天看來都有所不同，電子學組長拉爾夫·史迪格里奇（Ralph Stiglich）不斷更換更多零件。一天天過去，全都徒勞無功，那件裝置似乎能運作一陣子，接著總是再次失靈。毛病延續了非常漫長的兩個月，那是一段漫無止境的連串嘗試，測試裝置、我們搖頭、抽出一片電子電路板，送回銲接工坊，取回測試實驗室，用電壓計和電阻計探查，然後再試一次。工程師都在心中尋思，到底能不能讓它恢復正常運作。我們考慮要放棄工程模型，直接完成飛行儀器，不過我們知道，需要工程模型來查核軟體，不只針對儀器，在漫遊車階層也同樣需要。八個多星期之後，電子裝置終於不再出毛病了。

到了十一月初，我們約只剩一個月的資金。政治上該做的都做了，寫信運動大致已經塵埃落定。我們和各級主管和委員會全都談過了，而且他們也提出建言。我走訪行星學會（Planetary Society），和火星學會（Mars Society）商討，所有找得到的倡導團體我都連絡了。我們已經把成本砍到見骨，再也沒有事情可做了。倘若情況沒有很快出現變化，我們就會破產，團隊也要解散，結果也就不可收拾了。我拒絕設想這種可能結局，但我們的處境很糟糕：工程模型電子部件燒毀、進度停滯，然而團隊在這種情況下依然做得有聲有色，不過我們還能撐多久？

十一月八日，我進入辦公室，發現航太總署總部發來一封電郵，恭賀我們成功配合刪減成本。沒有提到其他細節。我們把成本降低了嗎？我們把帳冊的若干項目減除了，準備金卻也沒了，無法應付才剛發生的那種意外問題。我後來得知（大半是從新聞看來的），航太總署已經決定騰出小筆款項，連同火星科學實驗室其他科學家的捐款，一併撥交給我們，還祝我們好運。我當場愣住。我們精疲力竭，儀器無法運作，結果卻莫名其妙去得成了。

第15章 堅持到底

團隊情緒低落。即便工程模型已能正常運作，且已送交噴射推進實驗室，士氣依然持續低迷。系統工程師先前已經和另一個專案簽約受聘，這時他必須到那裡兼差。我們逐漸精簡人員，結果影響了所有人。航太總署期望我們創造奇蹟，然而我們只是凡人。

噴射推進實驗室全力伸援。酬載主持人答應幫我們完成飛行儀器電荷耦合元件偵檢器的特性分析，這大有可能幫我們省下許多時間。工程模型方面，我們才剛把偵檢器安裝定位，我們沿用原廠建議的設定方法，期望都能正常運作。結果它們確實靈光，不過我們也看出，信號並沒有處於最佳狀況。這些裝置對導入的電壓非常敏感，若不投入幾天功夫，逐一檢查各偵檢器的最佳設定，要想讓它正確發揮功能，無異於緣木求魚。所以當初噴射推進實驗室提議為我們代勞，讓我們相當開心。不幸的是，噴射推進實驗室的光學工程師完成的特性分析，當作拍照的二維作業而言相當合宜，卻不符合我們的光譜儀一維模式所需。其中差異害電子學小組走錯方向兩個月。

我們原本希望飛航模型的電荷耦合元件只在一種電壓下操作，結果新的卻需要五種不同電壓。噴射推進實驗室幫我們擬出正確的建議規格，後來我們卻發現，當中出了一項差錯。試驗電荷耦合元件時，應該會見到一條穩定、漂亮的平滑曲線，標繪在電腦螢幕上，顯示試驗光線所含各波長的個別強度。由於設定不正確，結果只得出狂亂的影像。我們開始給這些狀況起名字，譬如「吉特巴」指螢幕線條到處亂跳，「毛球」則指應該平滑的線條卻到處出現雜訊尖波。我們處理工程模型時，從來沒有經歷這種情況。為什麼出現這種現象？電子學工程師怪罪編寫該元件作業程式碼的人，那個人則反過頭來怪罪搞電子學的那個傢伙。我們和噴射推進實驗室充分交流，隨後才發現，原來他們的光學工程師交給我們的元件操作說明，只適用於另一種模式，而不是我們所需的一維模式。這點澄清之後，我們在四月間才終於把那個錯處改正過來，並正確操作電荷耦合元件。

同時，沒有備用零件也讓我們嚐到苦頭。我們的一項成本節約措施是不訂購任何備用零件。這時一件脆弱的鈹質安裝架壞了，我們卻只能將就繼續使用。現在要取得替換品項得花好幾個月，還有我們欠缺的資金。損壞的段落並不支撐任何東西，所以用膠帶、粘著劑修補大概還能湊合使用，不過從來沒有人帶著毀損的零件升空。除了這處明顯毀損之外，其他位置的結構也可能已經弱化，但我們只能忽略這種可能。

我們的飛行儀器原定送達噴射推進實驗室的交貨期限是二〇〇八年五月，升空之前一年半。然而，表定進度在許多方面都開始鬆動。其他多數儀器的進展，大致都和我們的相當，還有幾個漫遊車部件的進度都落後了。我們沒辦法如期交出化學相機，比原先規劃日期落後好幾個月。一旦電荷耦合元件能夠正常運作，還必須用纖維束來改正其他幾個毛病，為電子電路板進行最後幾項修改，完成最後組裝，接著再和法國送來的桅杆單元搭配起來，開始試驗那件單元，進行「振動和烘烤」，並以岩石樣本進行最後校驗。我們知道噴射推進實驗室在交貨後的進度安排並不緊迫，這樣看來，化學相機推遲幾個月交貨也不會造成危害。問題在於，完成儀器所需時間拉長，需要的金錢也跟著增多。

我們的預算原本還包括另外幾筆專款，用來支持化學相機送交噴射推進實驗室之後的太空船階層必要試驗。儘管交貨是重要里程碑，儀器團隊在太空船的組裝、試驗暨升空作業（ATLO）階段，仍有許多事情得做。儀器首先得通過一次接收檢驗。裝置經秤重、測量，接著就火星表面任務而言，所有品項都得接受汙染檢查。受檢裝置和幾片晶體微天平一道擺進真空室，那種天平十分靈敏，能檢測表面的細微重量改變，達到奈克（nanogram，十億分之一克）或皮克（picogram，萬億分之一克）精密等級。若儀器沾髒了，真空室抽空之後，汙物就會揮發，若干物質就會落在微天平上。太多揮發物質（通常包括指紋油脂、油料或其他有機物）不利於太空船的其他部份。漫遊車要上火星尋找有機物，科學家不希望被汙染唬過，因此設有相當嚴苛的規定。

通過接收檢驗之後，儀器便移往一處測試台，從信號和指令視角來進行檢查。它對所有信號是否都能妥善反應，和我們全體共同議定的文件界定的條件是否相符？這點非常重要，基於儀器和界面的複雜程度，這項測試有可能得花很久時間。試舉一例來說明哪裡可能出錯，當初法國同事把第一台雷射送交洛斯阿拉莫斯，供我們首次試運轉之時，好幾次雷射都在啟動之後立刻開始發射，卻沒有等候正確指令傳來。這種情況相當危險，我們馬上規定，在軟體全面檢查、修正之前，室內所有人員都強制戴上護目鏡。還有一起事件，那次是發生在噴射推進實驗室，當時一道指令無意間啟動望遠鏡對焦機制的一具加熱器，並保持開啟狀態。由於儀器是在室溫情況，並不是在火星上，於是那件裝置過熱，導致對焦失準。

指令全都檢查妥當之後，該裝置就裝上漫遊車，再接受其他指令與性能測試。隨後漫遊車便接受聲頻試驗和電磁干擾試驗。不同儀器同時運作，測試會不會因此造成問題。最後漫遊車還接受聲名狼藉的振動和烘烤試驗，這次得在熱力艙內待上幾個星期，所有品項（十項儀器和漫遊車設備）都得經過檢查。這當中有多項試驗，進行時必須有一位化學相機工程師在場，至於其他項目，只需要從電腦螢幕監看結果。這可以在遠距離外進行，不過仍需要派專家盯著看才行。

我們先前就撥出一筆充裕款項，專門用來進行這項組裝、試驗暨升空作業測試。然而，由於財務狀況相當吃緊，還有化學相機交貨又幾度延擱，此時必須動支所有金錢，才足夠在洛斯阿拉莫斯完成化學相機並送交出去。我們決定動支所有款項來完成交貨，至於往後還會出現什麼需求只好置之不顧。這就相當於美式足球比賽踢到最後幾秒，指望靠「萬福馬利亞」長傳達陣。噴射推進實驗室工程師必須靠自己來操作儀器，並對漫遊車進行整合測試和升空前測試。這種測試先前從來不曾做過，特別是針對我們的儀器這般複雜的裝置。這讓噴射推進實驗室和我們的團隊非常緊張。同時這也非常怪誕，因為這項策略完全不能幫航太總署省錢。總署依然得撥出等額款項，其實還更多，來讓噴射推進實驗室的人員學會如何操作我們的儀器，並自行支援所有試驗。採行這種做法的唯一理由是，據說化學相機不會再接受更多資助，而噴射推進實驗室則於必要時或許仍有可能拿到額外款項，因為他們必須完成漫遊車。

二〇〇八年三月，火星科學實驗室各酬載主任都來到噴射推進實驗室，想知道我們究竟打算如何運用手頭有限經費來完成化學相機。他們連絡一組專家，和我們一道規劃審查日期。火星科學實驗室最近才剛宣布，必須投入更多資金才能完成漫遊車，而為了支付這筆開銷，航太總署威脅要中斷當時仍在火星上成功運作的火星探索漫遊者任務。化學相機成本審查就是在這種背景下召開。審查小組由比爾・吉布森（Bill Gibson）主持，他上任航太總署總部之前是史騰博士的老闆。審查會在洛斯阿拉莫斯舉行，好省下我們前往噴射推進實驗室的費用。

會議開始，吉布森首先質疑，還有沒有絲毫機會從航太總署拿到額外資助，倘若沒有，這次審查究竟還有什麼用處。我們討論這種處境，不過大家都知道，在現任行政當局管轄下是拿不到一毛錢的。我們提出成本計畫，包括只求撐到交貨，不留絲毫資金的萬福馬利亞策略。審查委員對這項計畫頗有微詞，然而在這種情況下，他們也提不出更好的建言。委員會評斷，除非情勢出現變化，否則我們的成功機率不到三分之一。換句話說，他們認為我們會失敗。審查人員祝我們好運，接著就離開了。

我們又陷入困境，束手無策，毫無辦法改變這種局勢，我祈禱事情能夠改觀，卻不知道救援竟然來得這般迅速！

那個星期在華盛頓出現相當多轉折。有關火星探索漫遊者號雙車任務有可能終止的消息，在科學界觸發一波抗議聲浪。顯然史騰博士做得太過火了。次日稍晚傳言四起，說是他要下台。我可不敢相信。不過隔天傳來正式公告，再過一天，我接到一通電話，告知化學相機就要重新取得全額資助。潮水開始轉向。

同時，我們又見到另一艘太空船啟程飛往火星。鳳凰號任務先前曾擊敗火星調查大氣樣本收集任務，因為鳳凰號承諾接續二〇〇一年放棄的火星任務，運用當初已經製造完成的硬體。鳳凰號的目的地是火星的北方冰封平原，根據晚近預測結果，那裡有大量水冰，蘊藏在薄層土壤底下。幾年前，在軌道繞行的中子和伽瑪射線偵檢器，都從軌道見到水分信號，然而當時還沒有任何任務真正碰觸另一顆行星上的冰。證明那裡有水，會徹底革新我們對火星的認識，依一九九〇年代的觀點，我們還以為那是一顆全無水分的行星。

鳳凰號在二〇〇七年八月發射升空，隔年五月著陸。化學相機的儀器科學家布萊尼也在鳳凰號扮演領導角色，所以我不時都能得知那趟任務進展如何。鳳凰號任務的成本相當低廉，由於日照不斷的北極夏季很短，很快就會進入秋天，接著很快入冬，所以任務期間也必然很短。溫度會驟降到低於華氏負兩百度，於是太陽能板不再能提供著陸器所需動力。

著陸後頭幾天令人非常興奮。負責減速讓太空船軟著陸的反向火箭，掀開地表露出正下方的大片平坦白色物質：冰。自動機械臂刨除土壤之後，也揭露底下存有白色物質，就這樣證實火星北部平原土壤底下蘊藏塊狀冰層。該任務還做出有關火星土壤組成的幾項發現。

一個追溯至維京號著陸器時代的謎團破解了。鳳凰號在土壤中發現過氯酸鹽化學物質，這就能解釋一九七〇年代那趟任務執行生命偵測實驗時做出的古怪結果。那次實驗發現，土壤沾濕便釋出氧氣，讓人聯想到有機生命。然而，過氯酸鹽也能產生相同結果，而鳳凰號這時也就是發現那種有毒的化學物質。大體來講，鳳凰號一開始似乎就前途大好。

然而，隨著夏季逐漸結束，規模較小的鳳凰號團隊也面臨更多阻滯，軟、硬體都出問題，當初若是成本限制沒有那麼多，若是當初能夠預備更周密，其實這些都可以解決的。航太總署有些官員，特別是噴射推進實驗室的一些人很擔心，火星科學實驗室說不定也要面對相同的命運。

第16章
漫遊車的馬達

這個構想從開頭就很不錯：擬出技術漸進開發計畫，在一次次任務當中逐步落實。火星科學實驗室漫遊車就是想做到那樣——火星探索漫遊者雙車的第二代製品，並以新技術特色來提增性能。

火星探索漫遊者只是開端。兩輛漫遊車大小和重量都如高爾夫球車，使用得自太陽的涓滴能量，每天行駛幾英尺遠，並運用較小型儀器拍照，偶爾也做些測量。漫遊車的著陸程序相當不準確，必須有面積極廣，約二十英里寬，八十英里長，而且表面平坦的橢圓形範圍。這片地區必須盡可能沒有巨礫和地質層組；我們並不知道包裹最後會落在哪裡，表面愈崎嶇，著陸風險也愈高。因此以航太總署的術語來講，工程師想找到一片遼闊的「停車場」當作目標。由於停車場這麼大，加上橫越能力最遠只達幾英里，這種漫遊車顯然是接觸不到最有趣的火星地物。

要擔保觸及更有趣的地貌，以及有可能更有趣的科學，任務企劃人員必須成就兩項具體進展：有能力在更狹小的橢圓形地區落腳，還能大幅提高橫越距離，這樣載具才能開出停車場，前往真正具有吸引力的地質地帶。經過充分研究，航太總署必須設法引導進入作業，把橢圓形區縮減到約十二英里。為擔保著陸之後能行進充分距離，在合理時間內脫離停車場，新的漫遊車必須使用一種核能動力，稱為放射性同位素熱電式發電機。這種裝置會生成少量熱能，接著轉換成電力。這類動力套件從一九六〇年代開始，就在單憑太陽能仍不足以提供充分動力的太空船上應用，包括一九七〇年代第一艘火星著陸器。讓火星科學實驗室使用放射性同位素熱電式發電機的決定，可以追溯到火星探索漫遊者之前的時代。當時認為，太陽能板使用幾個月之後就會蓋滿塵埃，無力發電，結果卻發現，塵捲風和陣風會周期清潔太陽能板積塵，讓那對漫遊車持續運作得更久，超過當初預期多倍。不過就提供的動力而言，放射性同位素熱電式發電機仍比太陽能板超出許多。

火星科學實驗室還納入另外幾項特徵，希望能提增靈活彈性。航太總署希望漫遊車有能力在南、北緯六十度之間任何地點著陸，不論遇上該緯度帶範圍內的哪種溫度也都能運作。這種作業範圍，在地球上就相當於從撒哈拉沙漠到格陵蘭冰帽。先前幾台火星著陸器都侷限在非常靠近赤道的範圍，於是將近八成很可能相當有趣的著陸位置，便全都排除在外。

這些新穎性能都得靠有待開發的幾項技術來落實，其中有些改變涉及放大多項組配件的尺寸，特別是進入、下降暨著陸（EDL）硬體。凡是預定前往具大氣層之星球表面的載具，全都需要進入艙和減速降落傘，好讓它的行星際航速降到次音速等級。這台新漫遊車的傘具和進入艙都會是歷來最大的，甚至比當初從事載人月球任務的三人阿波羅返回艙採用的還更大。當新式艙體開發到一個時點，火星科學實驗室工程師開始擔心，恐怕不能只採用放大版的火星探索漫遊者號艙體，卻仍沿用相同的熱屏蔽技術，於是最後他們只好半途改換途徑，也因此付出高昂的成本代價。

另有個部份也同樣受尺寸的影響，導致設計徹底改變，那就是最後著地作業。火星大氣濃度只達地球大氣的百分之一，導致下墜速率太高，就算有非常大的降落傘，依然無法平安降到地面。先前幾台漫遊車會在撞擊地面之前瞬間展開氣囊，把自己包在裡面，碰撞、彈跳直到能量消散為止。不過氣囊能夠承受的重量有限。工程師判定，以火星探索漫遊者號每輛各重四百磅計算，已經接近那個上限。火星科學實驗室的重量達到五倍，我們不能指望一台大小、重量都如汽車的載具，能夠靠氣囊四處彈跳，即便在火星那種對半重力情況下也行不通。

基於這些理由，新的漫遊車必須使用不同的著陸技術。其他幾艘火星太空船都用反向火箭，特別是維京號和鳳凰號，因此工程師構想一種反向火箭套組以及雷達導引系統，可以安裝在漫遊車頂部。然而就火星科學實驗室方面，他們並不希望這些裝備變成漫遊車的永久性負荷，因此他們設想出一種做法，可以在半空中就拋棄反向火箭。接近地表的時候，漫遊車便由滯空套組以纜繩吊掛下來，直到它在地面就定位。一旦車輪全都安穩著地，纜繩就會被切斷，反向火箭也就可以拋棄，於是它就會朝隨意方向飛走。這項發明的原始名稱叫做空中起重機（Sky Crane）。觀看它的動畫影像會非常嚇人！實際使用時會有效嗎？儘管我們這群酬載人員提出質疑，開發過程似乎進展得相當順利。

放射性同位素熱電式發電機還可以用廢熱，為漫遊車的其餘部位保暖。這點很重要，尤其是漫遊車可能一路來到六十度緯度區。漫遊車只有幾處附屬部份不受這種方式加溫：桅杆、機械臂和輪子，也就是漫遊車多數電動馬達裝設的位置。

每個車輪各有一個馬達提供動力，六輪當中有四輪另裝馬達讓漫遊車轉向。機械臂有馬達推動肩、肘和腕節，以及鑽機和刷子等其他臂上裝置。桅杆有兩台馬達：一台負責左右轉動，另一台則負責上下擺動。除此之外還有天線馬達，另有幾台則只用一次，負責部署多種裝置，全都是剛開始時處於收捲狀態的輪子和桅杆。

這批馬達必須在多寒冷的情況下運作？結果發現，火星大氣能達到的最寒冷程度有個硬切限制（hard limit）。氣溫降到攝氏負一百四十度（華氏負二百二十度）左右時，含百分之九十五二氧化碳的大氣便開始凍結成乾冰，讓氣溫不能進一步驟降。底線在於，馬達必須能在二氧化碳的凝固點運轉。

馬達低溫運轉是一種新技術。火星探索漫遊車使用的馬達較小，必要時也能加熱。火星科學實驗室裝有多具較大型馬達，累加起來質量很大，若有必要加溫就得消耗許多電能，所以才有指定這些裝置得在任何溫度下運轉的要求。火星科學實驗室的開發作業剛起步時，噴射推進實驗室就把馬達製造合約，發包給當初提供火星探索漫遊車馬達的公司，並委由他們展開火星乾冰溫度的試運轉。經過一年半以上的製造、試驗進程，我們聽說第一次試驗失敗了；必須另簽新約，那家公司才能再試一次。馬達總是逐漸退化，最後失靈。所以到了二〇〇七年，專案選擇備案（使用傳統潤滑劑），並為馬達裝設加熱器。這就表示漫遊車必須等到火星日稍晚才能開始運轉。除了電熱器之外，它還會借助太陽來為末端加溫。

不幸的是，就算採用備案，失靈事件依然持續。馬達原本最遲應該在二〇〇八年初夏遞交噴射推進實驗室，結果並沒有成真。到那時候，噴射推進實驗室的多項機械組配件都落後進度，起因就在於這些組件不可或缺的馬達還沒有送達。夏季逐漸過去，噴射推進實驗室派遣更多人手去馬達公司。到了夏末，情況似乎相當棘手。

火星任務要成功執行，首先必須在最後一批零件交貨，而且整艘太空船也組裝完畢之後，成功完成許多試驗。這當中有些必須在不同組態下進行，包括漫遊車單獨試驗，還有把漫遊車收捲裝進送它上火星的太空船內才進行的類別等。接著所有硬體就必須運送到佛羅里達州的發射場，到那裡之後，還得最後一次重做幾項演練，隨後整個情勢才算完備並開始倒數。任何地方有任何系統出差錯，都可能導致進度延遲數日或數週。至於預留多久時間才算合理，以這麼複雜的專案來講，從組裝完成到發射升空，起碼得需要一年時間。關於任務是否可能延後的討論，在史騰博士還主掌航太總署太空探索部門的時候就已經開始了。那時候秉持的理由是，希望縮減火星科學實驗室的年度成本，把開銷分散到較長的時期。然而，推遲發射的話，整體成本就會大幅提高，因此這個想法也束之高閣。

推遲火星任務並不是可以任意決斷的事情。前面已經提過，軌道比較接近太陽的地球，約每隔二十七個月就會通過火星，兩顆行星在這個時候便相距三千萬到六千萬英里。太空船在行星交會階段發射，可以在略超過半年時間內抵達。若是其他時候，火星有可能和地球相隔遠遠超過一億英里，於是要想在兩顆行星之間旅行，就得花許多倍的能量和月數才行。萬一火星科學實驗室推遲了，這一推遲就得超過兩年，不是只延後幾個星期好讓所有人有時間完工。要在這段額外時期維持系統和知識技術得花大筆開銷，這是讓發射盡可能依循表定進度的一項強烈誘因。

隨著時間逐漸變得緊迫，噴射推進實驗室各組負責人回頭向航太總署要求撥出大筆款項，好增添數百人手來執行這項計畫。航太總署頗感遲疑，心中卻也明白，若是延後許久才升空，成本還會更高。真正的問題是，就算增添額外人手，專案是不是真的能夠及時完成準備。噴射推進實驗室以往也曾面臨窘迫處境，包括執行火星探索漫遊者計畫案，必須準備兩艘太空船的狀況。因此所有人都決心背水一戰，不過計畫領導團隊也同意，萬一情勢淪入最糟糕處境，眼看免不了要出狀況，他們擔保在第一時間找航太總署磋商。

其他多項進度則持續推展，一項重要的細部公關作業是為漫遊車命名。依照航太總署的傳統，還在開發階段的任務都採用通用名稱或技術名稱來代表，不過到了任務真正公告週知的時候，就會找個能夠讓民眾感到切身有關的魅力名稱，通常這是在升空前一年內進行。前一趟任務（火星探索漫遊者）漫遊車的技術名稱叫做火星探索漫遊車（Mars Exploration Rovers），雙車代號分別為A和B。後來的命名競賽，產生出遠遠更令人振奮的綽號，叫做精神號和機會號。所以，依進度預定約一年內升空時，便舉辦一次新漫遊車命名大賽。甄選由迪士尼負責，好確保名字能夠引發大眾共鳴。在九千個參賽者當中，堪薩斯州六年級生馬天琪（Clara Ma）提出獲獎作品，命名為好奇號。是的，我們絕對是秉持著我們的好奇心，才會投入探索火星！

同時，馬達試驗依然持續。這時在業者廠房爬來爬去的噴射推進實驗室人員，和該公司員工人數約略相當。這種處境令人挫敗。到了二〇〇八年十一月最後一週，又一台馬達失靈了。這些裝置恐怕不會很快交貨。沒隔幾天，航太總署宣布發射延期。

這個消息對化學相機團隊是苦樂參半。我們已經把儀器組裝完成，而且除了最後系列測試之外，其他都通過了。不過它本身也出了一些問題。我們的進度始終相當窘迫，大家心中明白，我們需要一點時間來更小心釐清狀況。我們的團隊非常緊張，也非常疲憊，許多個月下來，只放了幾天假，我需要多點時間平靜下來。不過延後兩年得等上很長一段時日。從現在到那時，有可能發生許多事情。等到任務終於成真，眼前即將退休的團隊成員也可能不再與我們共事了。不論如何，現在除了接受延期也沒有其他辦法。

我在宣布延期當週的一個晚上外出散步，雪花在我鞋子底下嘎吱作響，我仰望夜空，見得到自己呼出的氣息。星辰閃耀燦爛光芒。獵戶座已經昇起，天狼星，天空最明亮的恆星在地平線上閃爍。我們的城鎮周邊環繞一片積雪山脈，緊貼山稜上空出現三顆明亮的天體。從地球有利觀測位置看來，金星、木星和蛾眉月聚首交會。那是一幅壯麗的景象——這是四十多年來最靠近的一次三星合。其他行星當中，能夠像金星和木星發出那般燦爛光芒的只有一顆，那就是火星，不過只發生在它被地球追上的時候。我知道那肯定會成真，就像當初火星調查大氣樣本收集器決定下達之後，同樣再過一年多就會出現。十多年來第一次，沒有太空船會踏上旅程，航向我們的相鄰行星。

我步行返家。聖誕節近了，這次我可以真正感到輕鬆了。

第17章
完成化學相機

發射延期了，我們的團隊暫時擺脫計畫，享受一段美好時光——能夠放下壓力真好。不過我們還沒有完成。約在延期宣布的時候，我們發現化學相機出了幾個問題。在進行交貨前最後試驗時發現，當儀器的資料處理電子裝置溫度約低於攝氏負十五度時，儀器就不能通信。一般而言，漫遊車應該為這部份儀器加溫，然而上了火星，在特定情況下，那裡的溫度卻有可能還要更低。真正令人感到挫敗的事情是，兩週之前我們才在溫度遠低於此的情況下測試那個裝置，而且那時的情況還不錯。我們還注意到另一個令人煩惱的問題。儘管在光照充分情況下，偵檢器能夠記錄信號，好比當我們轟擊的岩石靠得很近的時候，然而當樣本向外拉遠，讀數卻突然完全降到零，卻不是隨距離拉長而平緩下降。

我們迅速把低溫通信問題修好，但偵檢器真的讓我們百思不解。

起先我們毫無頭緒，不明白是怎麼一回事。是雷射誘發破壞光譜技術嗎？不是。儘管那項技術還不成熟，但我們知道應該能見到微小的信號。資料顯然是在某處流失了，不過是哪裡呢？是在電荷耦合元件偵檢器裡面，或者在把電流轉換成數位計數的電子裝置裡面，或者是在電腦的記憶體中呢？我們很快就把記憶體排除。起碼儀器並不是沒了頭腦！於是我們剩下兩種可能。我認為電荷耦合元件出毛病的機率相當低，那種元件是向一家好公司買的，而且我們用了三件，並不只一件而已。似乎不太可能三件全都壞掉，比較合乎情理的情況是，要嘛就是轉換器電子裝置壞了，否則就是操作偵檢器不得當。這兩種情況都可能發生，因為我們的團隊操作這些裝置的經驗還不多。

難就難在如何不拆開儀器就正確診斷出問題。化學相機製造時並沒有考慮要如何拆卸，我們設計時抄了捷徑，因此許多零件都是黏合在一起，並不是用螺絲、螺帽和螺釘妥當閂緊。次外，儀器還隨著時間逐步演變，有一處添了幾具加熱器，這是原始規劃沒有的部份。加熱器實際上是以環氧樹脂跨黏在一處接縫上，然而要拆解裝置，首先得打開這個接縫。況且我們沒有備件，萬一把某件東西弄壞那就完了。整個作為就是要盡可能減少化學相機的開銷，當然，我們很後悔當初抄捷徑。

我們並沒有試行打開裝置，而是嘗試用「接線麵包板」（breadboard）複製問題。所謂麵包板是當初在工作台製造、試驗的早期版本組合件使用的配備，但結果令人驚訝：麵包板並沒有那種問題。這對我們一點用處也沒有。接著我們針對飛行儀器做了一些試驗，檢視來自電荷耦合元件的信號，不過這些試驗仍然得不出定論。這個問題接連好幾天出現，電子工程師拉爾夫懷疑問題是出在偵檢器，但他沒有確鑿證據，我也就沒有認真看待此事。這種情況我有多次經驗，工程師經常怪罪不是他們負責的部件。就拉爾夫來講，最簡單的做法就是歸咎於偵檢器，因為那不是他製造的。

後來，光學工程師史蒂夫．班德（Steve Bender）想出一個非常出色的測試做法。他記得，當初收到的那批偵檢器當中，除了安裝使用的幾件之外還包括一些備用品。飛行電荷耦合元件和備件從工廠送來以後，都在噴射推進實驗室做了測試。我們知道那批偵檢器在噴射推進實驗室試驗時表現良好，至於那批備件，交運給我們之後並沒有動過，所以儘管化學相機使用的那幾件出問題，這些也應該正常。

拉爾夫和班德前往無塵室試驗備用偵檢器。看吧，沒有動過的感測器，同樣出了和飛行元件相同的問題。這時我知道拉爾夫錯了，不過班德挺身為拉爾夫辯解。當時我並不知道，這批感測器並不是完全原封未動。當初感測器一送達，班德就一件件完成檢查。他直覺認為，那次檢查程序有可能對感測器造成某些影響。我仍然不能信服。一般來講，順應旁人的觀點直到事實證明那是笨點子會比較容易，若要嘗試說服他改採另一條路徑，那就難了。所以我同意讓拉爾夫和班德追查這條線索，畢竟發射已經延期，我們有時間去做。

我們和電荷耦合元件廠商專家開了幾次會。他們的專家同意，有一種故障機制說不定會引發我們見到的症狀，同時那家公司也宣布，他們正在改動公司產品線，打算降低電荷耦合元件對靜電放電或瞬態電壓尖峰的靈敏度。電荷耦合元件新批次製品完成時，噴射推進實驗室派了幾位專家出國到製造廠，親手把部件帶回帕薩迪納，還送到我們的實驗室。我們想出辦法更新電荷耦合元件並重新校準，沒有破壞加熱器或儀器的任何部件。

偵檢器更換作業也讓我們有機會解決過去幾年出現的另一項問題。好奇號漫遊車的設計有熱量匹配不當的問題，那項基本設計的紙上作業在二〇〇四年儀器選定之前就已經完成。漫遊車要在攝氏負四十度和負五十度內運作車上的電子設備，就多數電路來講這不成問題，特別是用來操作漫遊車的部份。然而，這個範圍的高溫區間和任何一種偵檢器的運作溫度相比，全都高出太多了。許多偵檢器都必須用上各種電荷耦合元件，也就是商用照相機上使用的同類裝置。溫度每提高華氏十二度（約攝氏六．七度），這類元件的電子雜訊就會倍增。有機會在炎熱沙漠環境（例如在鳳凰城一個炎熱日子到戶外）為較黑暗的物體拍照的人，就有可能注意到這個問題。多數科學偵檢器都用來接收非常低的信號水平，依這些裝置的運作規範，攝影迷尚可接受的背景雜訊，有可能把至關重要的資料一掃而空。更糟糕的是，在太空中遭受的輻射損壞，還可能提增雜訊水平少說達五十個倍率。為儘量減輕這種影響，科學儀器有許多感測器都在冰點溫度以下運作，有時甚至更低。

另外還有個但書，漫遊車必須維持充分溫熱，才能保障儀器不受極端嚴寒損壞，就算在火星隆冬寒風狂掃之下也必須設法保暖。設計人員採行補償做法，讓漫遊車在正常時期都以高熱運轉。這樣一來，以好奇號漫遊車的構造，就很難應付往後車載科學儀器的較低溫操作範圍。

各酬載小組分採兩種方式處理這個問題，預算比較充裕的小組為偵檢器設計冷卻器。這很愚蠢，因為在火星赤道的最炎熱夏日，氣溫最高只會升到室溫水平，而且就連在赤道，夜晚氣溫都會劇降到我們這顆星球的最寒冷極地溫度。只需封進一塊冰，就可以讓偵檢器保持低溫一整個火星日。不過儘管漫遊車擁有非常優異的熱源，也就是車上的放射性同位素熱電式發電機，設計人員卻沒有納入可供儀器接通使用的冷源。

化學相機的預算不容許裝設冷卻器，它必須在一天的較早時段，趁電荷耦合元件溫度還比較低的時候做測量。事實上，我們是在化學相機開發作業進行很久之後，才得知漫遊車大半時候都會以高熱運轉。起初我們還不敢相信，漫遊車在那顆寒冷行星上的運轉溫度竟然高於室溫。等工程師說服我們之後又出了問題，漫遊車的馬達只能在高於原始規劃的溫度下作業。這些機制得等到一天稍晚，比較溫暖的時候才能進行該做的事項。這種狀況讓化學相機陷入窘境。每天上午稍晚，當桅杆馬達溫度提升到可以搖轉儀器指向岩石的時候，化學相機的偵檢器也變得太熱，得不出有用的測量結果。

為了探究問題所在，一支工程師團隊描畫一幅幅色碼圖表，顯示桅杆在一天當中哪些時間能夠搖轉雷射，以及我們的偵檢器在一天當中哪些時間可以進行測量。顏色重疊的位置代表化學相機的運作時間。但當他們完成圖表，顏色卻完全沒有重疊，連一個時段都沒有。夏天沒有、冬天沒有、春秋時節也都沒有。每個季節都有顏色彼此貼近的時候，卻始終不重疊。工程師在一次計畫主管會議上出示那張圖表，那群主管盯著看了一會兒，全都搖頭笑了。沒有人有辦法編排出比這個更完美的亂局。我們知道問題必須解決，否則儀器只會成為沒有用的累贅。

當初發射日程排在二〇〇九年，有一個小組想盡辦法以被動方式冷卻偵檢器。化學相機的主體部份（感測器所屬部件）裝在漫遊車體一面外壁旁邊，那面外壁不會像儀器那樣保持溫熱，可以作為冷卻的源頭。可行做法是以導熱銅線搭接車壁，或者透過細小間隙來輻射散熱。工程師決定不使用銅線搭接，因為這樣一來，當太陽照射外壁，溫度就會很快提升。不過小組仍為我們設計一種「被動搭接」做法：漫遊車內壁和安裝感測器的箱子全都著上黑色，以利輻射散熱，同時還為我們的箱子安上一個隔熱腳座，減少從漫遊車傳來的熱量。這些措施解決部份問題，不過這樣下來，我們每天擔保能順利作業的時間仍然只有半小時，不足以完成想做的事情。

這時發射延期了，偵檢器也必須更換，於是我們決定增添一具冷卻器。冷卻器打算採用熱電式，由噴射推進實驗室負責設計並製造。畢竟，發射延期讓那個組織嚐到失去工作的苦果。那種事情有可能相當麻煩，因為那個組織是要在別人的儀器上頭增添附加元件，特別是要在已經製造完成的精密裝置上做改裝。噴射推進實驗室的工程師只有幾個月時間，來完成這整件事情。不過噴射推進實驗室酬載主管米勒召集的團隊，卻在預算和時限內完成工作。那批工程師在二〇一〇年年初，就把熱電式冷卻器送到我們門口。我們安裝後做了加熱試驗，得出的溫度剖面和噴射推進實驗室的模型十分吻合，很難區分圖上哪條曲線是模型，哪條則是試驗結果。這項改進還有新的偵檢器，讓我們對發射延期心懷感激。

不過另一場亂局還等著上演。早先我們的「解多工器」（demux）曾經遇上一些困難。那種光學多工解訊器（optical demultiplexer）像個箱子，用來接收望遠鏡的光線，分光構成不同色帶，各自輸進我們的三種光譜儀內。光學部份沒有問題，然而在機械應力測試期間，基座卻似乎出現偏移。所以我們決定趁著發射延宕，重新設計那個機箱。新計畫在二〇〇九年十月研議完成，我們也開始下訂單購買零件，這時米勒決定找個人來審查透鏡組。原先我們為了降低成本，使用一種非常簡單的光學設計。許多工程師都知道KISS這個縮略詞，而且信守不渝：保持單純，笨蛋！（Keep It Simple, Stupid!）這時負責審查的噴射推進實驗室光學專家卻認為，可以使用比較複雜的透鏡組來增補改進。既然這是免費得來的協助，我們決定從命。最大的問題是，新透鏡的交貨日期和其他進度配合不上，比期望晚了一個月。我們研判等待是值得的。事後回想起來，我們早該保持單純才對。

透鏡組在二月中送達，三月初時，我們已經裝上透鏡，也重新組裝並重行把解多工器附加上去。現在這件裝置的一個部份裝了洛斯阿拉莫斯實驗室設計的透鏡組，另一個部份裝了噴射推進實驗室設計的透鏡組。工程師啟動連串密集環境試驗：振動和烘烤部件總成。這次振動部份順利通過，然而當我們在飛行任務預期會出現的溫度下測試化學相機時，卻注意到相當古怪的現象。輸出的色彩有位移現象：在某個溫度下偏藍，在另一個極端則偏紅。冷熱色彩的差距將近兩個倍率。化學相機的輸出必須完全穩定才行，否則它上了火星就會誤判岩石特性。我們擱置其他工作，展開長串測試來釐清哪裡出錯。我們又一次面對困境，不知道問題出在哪裡：是偵檢器（又來了！），或者是光譜儀或翻新的解多工器？倘若問題出在光學，那麼禍首是哪片透鏡或反射鏡？而且這次我們同樣不希望拆開儀器來尋找答案。

苦思一陣子之後，我們把光譜儀和解多工器分開檢驗，總算證實問題出在後者，所以我們集中處理那個機箱的光學部件。噴射推進實驗室對手單位立刻猜想毛病出在洛斯阿拉莫斯的透鏡組，然而我們在噴射推進實驗室的新透鏡組安裝之前，從來沒有見到這個問題。他們那樣想，部份是由於我們使用的組件比他們用的便宜。他們建議從解多工器拆下我們的透鏡組，送交噴射推進實驗室由他們測試。然而班德卻做了不該做的事情，他反而把噴射推進實驗室的透鏡拆下來，放在顯微鏡下檢視。他眼中所見似乎就是明證：雙合透鏡的邊緣顯然有脫層（剝離）現象。我們立刻提報這項發現。這是個壞消息，也有點令人驚訝，因為其他重新設計的透鏡組當中，有一片也是雙合形式。我們還不清楚那片是不是也有問題。

我們停工，等到能夠判定其他透鏡是否也需要更換的時候再說，一群專家也同時著手診斷損壞的透鏡。結果出爐，模擬和測試都顯示起初那次診斷並沒有問題，顯然是玻璃本身容易受到溫度影響。噴射推進實驗室的其他透鏡是以另一種玻璃製造，所以不必換掉。

在此同時，光學工程師擬出另一種透鏡設計，取代有問題的那組。這件比較簡單，不過和原有的透鏡相比仍有改進。我們約等了五週，走過透鏡下訂、製造和交貨步驟。到這時候，我們已經來到最後關頭。沒有多餘時間了，我們必須即時交出化學相機，栓上漫遊車。透鏡送達當天，我們很快就把它安裝妥當，班德也展開煩悶的校準工作。室內燈光熄滅，只剩校驗燈光照明，這樣才不會出現散射光。班德在這種環境下偏愛獨自工作，我們讓他待在那裡八小時。

班德擁有穩健的雙手和敏銳的雙眼，一件工作沒做好，他絕對不會停手。我們以為，到漫長一天結束時，他自然就能完工。錯了。又一天過去了，我們愈來愈不耐煩，不過依然有些差錯。班德沒見到預期該有的改良結果。在此同時，光學專家著手核對他的筆記和計算，也查不出哪裡有錯。然而班德依然要求更多時間。經過幾度協商，我們同意再多排一天。那天也來了又去了，解多工器依然比不上裝了原始透鏡的情況。

我們必須向前推展，噴射推進實驗室必須馬上把化學相機的一個部份裝上漫遊車。我們很快完成校正，把雷射箱送往噴射推進實驗室，由他們準備妥當動手安裝。然而，班德一點都不開心。他很肯定最初那種透鏡比替換品更好，但我不希望變更我們用來做最後校正的組態，然而班德卻趁我不在的時候打開儀器換下透鏡。果然，原始透鏡多輸出將近兩成光線。我們早該聽從KISS教訓：讓事情保持單純！

最後校準完成之後，我們裝上裝置，為化學相機的這個部份進行最後校正和壓力測試。我們完工了！接下來的部份會比較有趣，還可以大幅改換步調：為好奇號漫遊車配備車載雷射槍，接著就好好欣賞漫遊車測試。

第18章

登上漫遊車

交貨審查日終於來臨。自從計畫在六年多前開始起，我們就一直期盼這一天。這是我們投入製造化學相機所有努力的最高潮。在這段期間，團隊成員來來去去，嬰兒紛紛出生，孩子長大了，政治和社會都改變了，卻沒有新的漫遊車探訪火星。

化學相機審查會安排在二〇一〇年七月底一個星期一舉行。法國和噴射推進實驗室的好幾位計畫成員都打算前來審查最後製品，確保準備妥當並可以安置在漫遊車上。一如既往，總是有事情沒有完全妥善進行。我們有位祕書原定負責發放臨時識別證給參與審查的來賓，結果她卻打電話表示不能來了。她的鄰居有好幾頭牛跑了，闖進她的格蘭德河畔土地，她必須幫忙把牛趕回牛欄。這段插曲只為我們期盼這麼久的活動帶來些許不便。所有人一拿到識別證，會議就開始了。除此之外，當天沒有什麼波折。審查小組聽了化學相機的性能說明都很振奮，恭賀我們完成這項工作。我們等了這麼久，終於等到這段賀詞。

一切就緒，化學相機確實表現良好。許多時候一份建議書所述內容，到頭來都發現太過困難，造不出來。就化學相機而言，我們剛開始時只有一件雷射誘發破壞光譜儀，後來在提案過程添加一台高解析度成像儀。偶爾也討論，我們是不是真的需要遙距微成像儀（Remote Micro-Imager, RMI）。就負責製造桅杆裝置的法國團隊而言，在雷射誘發破壞光譜儀的光學需求和遙距微成像儀的性能之間取得平衡不容易。我們非常欣慰當初留下成像儀，因為它在火星上證明自己的價值。至於雷射誘發破壞光譜儀，取捨結果是化學相機最後只有十四毫焦耳能量來打擊標靶，儘管略低於我們原先預期，卻仍能在相隔七公尺距離之外準確測定岩石成分。當時我們仍在學習如何改進這項技術的準確度。由於進行測量時相隔一段距離，加上光束又很窄小，擊中標靶時寬度不足一毫米，因此化學相機的準確度永遠比不上α粒子X射線光譜儀，不過整體而言，我們很接近達成預期目標。

化學相機的總開銷差不多正好等於一千五百萬美元，法國和噴射推進實驗室的若干補助不計算在內。發射延遲和那段期間完成的修改項目，到頭來便產生三百萬美元支出。化學相機的開銷在好奇號漫遊車的總成本中只佔非常小的比例，遠低於百分之一。當初在任務取消期間，還有後續階段，有些記者得到的印象是我們的儀器導致任務超支好幾億美元。後來航太總署一位新主管上任，我們也很快就澄清記錄真相。

整個來講，好奇號任務到最後總共花了將近二十五億美元，發射延期消耗總額中的四億多美元。相較而言，火星探索漫遊者任務則花了約八億五千萬美元，通膨不計算在內。至於前往土星系，探索土星各環和眾多衛星的卡西尼號，成本就高出許多，達到三十二．六億美元，包括外國的挹注，不過十年間的通膨不計。我經常說明，把好奇號的成本分攤到美國所有人身上，就等於一張電影票的票價。民眾這筆錢花得很有價值。

這時化學相機交貨審查已經成為過去，裝上漫遊車的作業開始了。雷射已經送往噴射推進實驗室，審查過後不到一週就栓上桅杆。八月間，預定要在載具主體內部落腳的光譜儀和資料裝置，送上一輛聯邦快遞白手套（White Glove）卡車，以專屬貨物托運出去。九月間，漫遊車上下翻轉，化學相機的最後部件也從車底安裝進去。用來和儀器通訊的軟體指令開發完成，而且在一台實體模型裝置上完成測試。十月間，我們準備妥當，可以進行實物試運轉。法國和洛斯阿拉莫斯的工程師隊伍在帕薩迪納會合參與這次盛事。我們排到兩個週末班次，到時那裡不會有其他人在場，這樣我們的雷射就不會因意外而傷到人。

週六上午七點鐘，海洋濃霧籠罩南加州聖蓋博谷（San Gabriel Valley），陽光慢慢灑上道路和汽車。都市在半明半暗中慵懶甦醒。我從旅館沿著六十六號公路舊線前往噴射推進實驗室。從外面看來，那處地方幾乎杳無人煙。貝蒂娜．帕弗里（Betina Pavri）讓我進入太空船裝配廠的控制室內。控制室位於安置漫遊車的挑高裝配區之一側，室內天花板低矮，裡面有一排排電子裝置架，耳中傳來冷卻扇的嗡鳴。這些架子間雜列置於擺放電腦螢幕的桌子之間，工作人員都戴著耳機，還有一具揚聲器播出從裝配室傳來的說話聲，漫遊車指令和人員對話在風扇嗡鳴聲中隱約可聞。室內一側開了長列窗口，朝內望向裝配廠。基於今天的工作所需，窗戶都以厚重黑色織布覆蓋，以防雷射光束照射。窗子上方幾處位置都有寬屏視訊畫面，播放內部活動實況。

我在監視螢幕上可以見到好幾個人從頭到腳穿了無塵室白色服裝，他們已經戴上雷射防護鏡（裝了深色鏡片的大型白色護目鏡）。整個看來，那群工作人員的模樣就像《星際大戰》電影中的帝國突擊兵。我看到背景有一個巨大的錐形物體，肯定就是進入艙，倒置擺在固定座上。朝另一個方向望去，一件難看的新奇裝置擺在那裡，伸出好些燃料槽、軟管、火箭噴嘴和撐桿。這是反向火箭套組，也稱為進降著陸節（暱稱ＥＤＬ節），還有負責在火星表面上空盤旋，把漫遊車吊掛著地的空中起重機。前景部份有一個白色大箱子，擺放在金屬腿架上，纜線和連接器從四周各處突伸出來。它看來完全不像漫遊車，實際上卻正是擺在大型座架上的好奇號，不過鋁質和鈦質車輪都拆掉了。車子才剛翻轉右側朝上，本週先前則是倒置從底部進行安裝作業。六英尺長機械臂已經拆下，安置於室內另一個角落的固定架上。用來支承化學相機雷射的桅杆則放倒平貼漫遊車甲板，升起之後我們才能展開雷射作業程序。

我們看著那群白衫工作人員拉開一條捲尺，抵住桅杆環架，丈量從那裡到我們的工程師打算設立標靶的位置距離多遠。標靶設在一具高大三腳架上，高與眼齊固定妥當，接著還在後面立起很大一幅黑色雷射屏障。六名人員在旁等候桅杆升起。操作員執行新版開機程序時出了一些差錯，排解不了。班德和他的法國對口夥伴亞列希．帕耶（Allexis Paillet）停工休息，脫下工作服來找我們。我拿餅乾分給大家，接著一起聊聊實驗。

我們這個工作天有十六個小時，必須走過二百七十七頁程序，現在一開始就進展緩慢。到中午時，我們已經可以看著漫遊車升起桅杆，指朝正確方位。午後三點左右，我們已經讓望遠鏡對準焦距，準備好要發射雷射了。一群人手中握著照相機，站在監視器旁邊，等著抓住漫遊車打出第一擊的發射片刻。莫希斯從法國打電話過來，那邊的時間晚了九個小時，已經過了午夜，現在是週日凌晨了。聽著他從地球另一邊傳來的聲音，我可以想像，他在法國南部的安寧街坊，所有人都沉沉入睡，只有莫希斯還醒著。他希望看第一幅影像。

我們向漫遊車下達指令，要它瞄準標靶上的雷射打擊點拍照，隨後就該以一種特殊照明檢查儀器的靈敏度。其他燈光全都熄滅，球形照明器點亮了。接下來一個小時，我們坐在黑暗房間裡向漫遊車發送指令。

試驗持續到晚上。第一班工作人員逐漸退離，其餘人也安靜沉寂下來。那是以慢動作和時間較勁賽跑，看我們在十一點半收工之前能夠做到什麼程度，不過和中午的進度相比，顯然是慢了下來。電子裝置架上的風扇發出嗡鳴，想哄騙我們去睡覺。我們抗拒睡意，還有兩個半小時，團隊在一組校準程序上耽擱了。一具校正感測器找不到雷射束的甜蜜點（sweet spot），那個點我們戴著護目鏡也看不到。時間流逝。我們全力一搏，收集資料供後續分析。收工時間到了又過去了，其他部份必須等另一天再說了。

事情就這樣進行，我們以緩慢步伐篤定進展，檢查儀器的所有向度。漫遊車團隊跳著一支間歇起伏的舞蹈，左支右絀設法兼顧十種儀器。對我們來講，這是瘋狂行動之後接連好幾個星期全無動靜，好讓我們為下一場騷亂預作準備。

冬天來了又進入春天，好奇號進入決定性階段，車輛本身的振動和烘烤試驗就要開始。很少有太空船像這輛漫遊車上裝那麼多科學儀器。倘若漫遊車的任何部份或車上任何實驗套組功能失常，時間問題就很嚴重了。偶爾我們也討論，假使有東西需要卸除栓閂取下修理，到時會發生什麼情況。惹出事端的儀器必須回到原廠機構，接著就會出現兩種可能情節：一是儀器修復，於是它就可以和漫遊車在發射台上重新結合；其二是，問題相當嚴重，漫遊車只好拋下它，逕自升空。

就正常狀況，當我們讓一件儀器經歷振動試驗（「振動和烘烤」的「振動」部份），都是在三軸試驗各自完成之後分別短暫開機，看有沒有失靈現象，果真失靈就檢討原因。試驗最後的全面功能檢查也是重要步驟。然而，漫遊車領導階層卻認為，在振動期間或甚至在完成之後檢查所有儀器都太過費時。他們決定不做任何驗證，直接讓好奇號進行下一項作業。我們有些擔心。

熱力艙是個寬敞的圓形結構，直經約二十五英尺，安置在一棟建築裡面，建築座落在噴射推進實驗室位址所在山坡的丘頂附近。熱力艙外壁到處都是金屬導管，用來輸送攝氏負一百九十五度（華氏負三百二十度）的液態氮來模擬外太空，還有一些加熱器，用來模擬太陽系溫暖地帶。漫遊車擺在艙內中央，周圍不同位置裝設許多供雷射射擊的岩石標靶。一切準備妥當，艙門關閉，空氣也都抽走。這時好奇號的機械臂和桅杆都收置定位，擺出我們期望它觸及火星表面時該有的姿勢。第一項活動是引爆火藥來部署桅杆。這項作業讓我們的團隊感到憂心，爆炸螺栓的威力有可能震破化學相機望遠鏡裡面的玻璃。工程師團隊在計畫早期就曾評估，螺栓爆炸的衝擊對儀器影響特別嚴重。後來他們減輕衝擊程度，不過我們仍然擔心。這是我們第一次實地測試。螺栓引爆後，化學相機就要拍照並瞄準校正標靶開始射擊。

化學相機的第一批資料終於從漫遊車傳回來，我們鬆了一口氣。傳回來的影像非常清晰、敏銳，隨後雷射誘發破壞光譜儀也傳來頻譜，披露標靶含有哪些元素。化學相機一切平安，熬過了振動試驗和螺栓爆炸衝擊。隨著熱力試驗（「烘烤」部份），在二〇一一年三月的大半月間持續進展，我們得知其他九件儀器也一切安好。唯一的問題是機械臂出了一次輕微電氣短路，不過很容易就能修好。好奇號到目前為止非常成功。

漫遊車在測試結束之後送回裝配區。媒體人士獲准穿戴整齊，進入參觀那台六輪奇蹟。不到幾個星期，它就要啟程前往卡納維爾角。到了那裡，它就要和放射性同位素熱電式發電機（它的電源）搭配起來。這件放射性裝置安裝妥當之後，各件儀器還有重要的機械臂、機動和天線諸系統，都得接受一次非常簡短的試驗。接著再把發電機拆下，漫遊車也重新收攏，和負責把它垂降到表面的進降著陸節搭配起來。接著為進降著陸節輸入燃料，做了最後檢視之後，就把這整個套組安裝到艙體內部。隨後再透過艙體一處開口，又把放射性同位素熱電式發電機重新安裝進去。最後這整組裝置就可以安裝在火箭第二節，納入酬載整流罩（火箭鼻錐）。旅程就要開始。

第Ⅲ篇

好奇號

第19章 萬事齊備

二〇〇三年的火星探索雙車，大體上是由一個人來指揮，相較而言，好奇號則是由各儀器負責人共組一支領導團隊。上次任務的儀器，是由史蒂夫．斯奎爾斯（Steve Squyres）按他自己的心意挑選並自行撰寫建議書。就我們的情況，每樣儀器的領導人都各寫各的建議書。二〇〇四年底，甄選結果宣布那一天，我們才得知自己要和誰共用漫遊車。

我和領導圈初次認識是在二〇〇五年初，好奇號的開張會議場合。那次我刻意安排延後航班，好騰出時間和家人相處，所以我比較晚才到達會場。我走進帕薩迪納那處旅館宴會廳，來到大家聚集的地方，這時我感受到一股興奮的氣息。那間房間擠滿噴射推進實驗室的工程師，還有來自四面八方的火星科學家。我匆匆越過擠在門口的一群人，一如往常到後排找個位子，然後就打開筆電。就在我要開始記筆記時，注意到有個人努力想吸引我注意。那個人一路推擠到我這裡，告訴我得坐到廳堂前面，那裡有張長桌，桌上有我的名牌。顯然我還沒有習慣那種身分。接著我從廳堂側邊走過，在前方找到我的位置，左、右兩側的新同事都和我打招呼。

同桌還有好奇號車載各式儀器的其他八位領導人。這是新的火星俱樂部，而我也忝列其中。這其中所有人我全都稍微認識，不過從來不曾合作。看來我是俱樂部裡最年輕的一個。

最遠端那位是麥克．馬林（Mike Malin），他是成像技術專家，也是團體裡最年長的一位。他早年就進入噴射推進實驗室研發相機，後來遷往聖地牙哥創業，開了一家成功的公司，為太空船製造相機。真有人認識火星的話，那就是麥克。從一九九六到二〇〇五年間，他的相機隨太空船發射前進火星，已經拍下數百萬張照片，而且麥克肯定已經把每一張照片看過了。他對火星上每平方英尺都瞭如指掌，就像對他家後院那般熟稔。麥克對他負責的所有專案都直言不隱，自信滿滿提出建言。

他旁邊那位是肯恩．埃傑特（Ken Edgett），他的馬林太空科學系統（Malin Space Science Systems）工作夥伴。兩人已經合作十年，這次他們負責好奇號的三具科學相機：一組立體成像儀，稱為桅杆相機、一台裝在機械臂上的顯微相機，稱為火星手持透鏡成像儀，還有一台火星下降成像儀，用來拍攝漫遊車接近地表時的鏡頭。肯恩對火星的認識幾乎可以和麥克相提並論，不過他的風格比起麥克稍微圓滑一些。兩人都有非常精明的生意頭腦。當他們得知化學相機的影像會凌駕桅杆相機，他們就變更設計，只為了打敗我們。我們並不在意。兩位聖地牙哥人都戴金絲邊眼鏡，麥克的又小又圓，肯恩的比較大，款式比較老舊。兩人都蓄留科學界流行的鬍鬚，肯恩看來簡直就是麥克的稍高型翻版。

他們旁邊那位是保羅．瑪哈菲（Paul Mahaffy），來自馬里蘭州的高達德太空飛行系統。瑪哈菲是火星新手，不過他是太空探索的老將。他在愛阿華州完成學業之後加入高達德。他一到高達德就被安排在哈索．尼曼（Hasso Niemann）旗下。尼曼勉強稱得上是個太空大家長，曾經為金星、木星和土衛六的大氣製造感測器，範圍幾乎囊括太陽系中所有大氣。瑪哈菲長得就是一副科學家模樣，他有滿臉逐漸轉白的鬍鬚、藍色雙眼和波浪捲髮，身著略微起皺的襯衫。他相當和藹可親，和大家心目中這等權威人士的作風差別很大。這說不定是由於他是在衣索匹亞長大，從小看著父母照料貧困民眾所致。

瑪哈菲領導好奇號的最大型儀器，含一套感測器，用來檢測火星岩石和大氣的氣體和有機物質。他的儀器簡單命名為「火星樣本分析儀」，往後就會實際用在地球的寒冷鄰星尋找生命。火星樣本分析儀後來的發展令人讚佩，那件儀器重量只有四十公斤，預計納入五十二件微型氣閥、眾多細小的氣體管線、一具每分鐘轉十萬圈的渦輪分子泵、一台能把樣本加熱到攝氏一千一百度的烘箱、七十四個樣本分析杯、一台氣體色層分析儀、一台四極質譜儀

（quadrupole mass spectrometer），還有一台用來檢測甲烷，靈敏度可達十億分率的雷射質譜儀。甲烷是我們所知生命的重要示蹤物質。

布萊克加入之後，會議桌前的蓄鬍隊伍就齊全了。除了絡腮鬍和比瑪哈菲雙眼更藍的眸子之外，他長得就像是你在加州海灘上會看到的人。布萊克始終保持低調，住在灣區，在那裡的航太總署艾姆斯研究中心工作。他先前沒有太空船儀器經驗，不過他嘗試打進太空事業的歷史卻是最長的。他的作品稱為「化學和礦物學分析儀」（CheMin，下稱「化礦儀」），也就是所有礦物學家夢中嚮往的X射線繞射分析儀。

科學家前進其他星球的任務中，都曾經進行元素或化學組成測定，卻還不曾送上裝置研究礦物學。所以儘管先前的著陸器和漫遊車能夠檢測矽質，卻沒辦法更細密分析，好比辨別那是從岩漿歷經漫長演變成形的石英形式，或者是出自蛋白石，由於表水交互作用生成的產物。化礦儀很容易就能判別箇中差異，不過先前沒有這類儀器倒不是因為嘗試不足。自從阿波羅任務時代，可攜式X射線繞射分析儀早有人提出設想，甚至部份發展完成，卻始終上不了太空船。執行火星探索漫遊者任務的精神號和機會號，原先打算搭載拉曼光譜儀（一種礦物學儀器），最後卻取消了。現在布萊克背負礦物學界的旗幟上場。

布萊克的儀器打算交由噴射推進實驗室製造，並不會交給他的大本營機構研發，對此布萊克並沒有異議。後來他指稱，起初他盡可能安排前往噴射推進實驗室，確保化礦儀一切進行順利，不過隔了一陣子之後他就察覺，他們其實並不希望他介入。噴射推進實驗室製造出一件令人讚歎的儀器，他就得去忙其他事情，好比到北極圈以北地帶跑給北極熊追。正當各儀器團隊揮汗投入無數細部作業之時，布萊克和幾位同事寫一份建議書，申請前往比冰島更深入極地的斯瓦爾巴群島（Svalbard）以及拉布蘭（Lapland）北方沿岸實地考察。航太總署授予他們那份工作，於是他們接連幾個夏天都啟程前往，還打包好幾件可攜式儀器隨行。他們回來之後，布萊克和他那群朋友向我們暢談箇中情節，講述一群北極食人餓熊如何來到浮冰島嶼，還有他們如何抵禦的故事。

後來布萊克健康惡化，另一位同事奉召加入，共同領導化礦儀。來自我那家機構的戴夫．范尼曼（Dave Vaniman）和布萊克合作開發X射線繞射分析儀概念已經超過十年。范尼曼也是南加州土生土長，他的家族在這處地帶的歷史相當悠久，從他家餐廳那張照片就能清楚得見。那幅照片顯示，當今好萊塢與藤街地帶，在昔日是片片田野，相片中的人還使喚馬匹打麥子。范尼曼本人在西米谷（Simi Valley）一戶佃農農莊長大，他的成長歷程和我有幾個共通點。他曾經隨救援組織門諾會互助促進社（Mennonite Central Committee）前往非洲，從事掘井和教學工作。我自己也出身門諾社區，期盼能從事這樣的工作卻始終沒有成真。從非洲回來之後，范尼曼最後仍然是以掘井度過他的大半事業生涯，不過並不是像先前那般是為了供水，而是從事洛斯阿拉莫斯國家實驗室的地底地質學研究，期能釐清地下水的汙染流動和擴散情況。於是他也才得以認識我們這個郡所有區域的地底岩層，還有其他眾多地區的地底乾坤。

我們這張桌子另有好幾位外國人士列席，分別代表外國政府貢獻的幾件儀器。來自莫斯科的伊戈爾．米特羅法諾夫（Igor Mitrofanov）就坐在我隔壁。根據兩國航太總署領導人的一項交換條件，他會代表俄羅斯提供一台中子光譜儀。米特羅法諾夫博士似乎很精擅國際政治，因為他的好奇號儀器完全不是這種安排的第一個實例。起初中子光譜儀是用在核武產業，因此蘇聯的軍事設施還有美國的武器實驗室，都很擅長這項技術。

在洛斯阿拉莫斯，我們的太空船儀器研究團隊成員都很自豪，因為他們已經把第一台用來做行星科學研究的中子光譜儀送上太空，那趟研究還在月球兩極發現冰。然而接下來，他們卻接連兩項任務都慘遭排擠，禍首都是航太總署和米特羅法諾夫達成的國際交換協議。第一次事例，航太總署必須幫忙俄國人解套，因為他們沒有足夠盧布來完成計畫。於是當航太總署接受俄羅斯送給好奇號的一項「禮物」之時，我的同事全都氣炸了，也料想到頭來航太總署仍舊得再次幫他們解套。我那群專注開發太空探索，用中子光譜儀的洛斯阿拉莫斯朋友，眼見事業毫無前景，紛紛離開洛斯阿拉莫斯。不過到最後，這次俄國人並不需要求助解套。

會議桌前還坐一位西班牙太空總署代表，他領導一支團隊，負責研製火星氣象站。這件儀器代表西班牙對太空科學逐漸萌發的興趣，而且在往後數年，西班牙就會成為多數重大科學研討會的主辦國，並出資贊助新的儀器。這件儀器最後交由哈維爾・戈麥斯—埃爾維拉（Javier Gomez-Elvira）負責。

拉爾夫・蓋勒特（Ralf Gellert）原先任職於德國美因茲市（Mainz）的馬克斯普朗克化學研究院（Max Planck Institute for Chemistry），負責領導預定安裝上漫遊車機械臂，用來檢測樣本組成的 α 粒子 X 射線光譜儀。這種檢測儀器在先前的探路者和火星探索漫遊者任務，都是由德國出力貢獻。然而，這時卻出現一次有趣轉折，德國政府拒絕再贊助另一項 α 粒子 X 射線光譜儀實驗。不過加拿大政府則一直希望加入行動，於是拉爾夫從歐洲跳槽改當加拿大人，而他也在一支加拿大團隊簇擁下齊力付諸實現。

最後一位儀器領導人是唐・哈斯勒（Don Hassler）來自科羅拉多州博爾德（Boulder），是一位溫文爾雅的科學家，也顯然和怪胎刻板印象完全兩樣。他負責一件輻射監測器，由航太總署的人類探索部門出資，目的在協助判定未來太空人前往火星會遇上哪些危險。

除了各儀器組長之外，主桌還有一位統領我們所有人的上司。噴射推進實驗室籌設一間辦公室，調集人手由「任務科學家」（統籌該計畫的科學主管）管轄。這個職位起初由噴射推進實驗室一位官員擔任，不過我們知道他早在升空之前就會退休。於是開工約一年之後，我突然接到埃德．斯托爾珀（Ed Stolper）教授來電。早先我還在加州理工學院地質學系的時候，斯托爾珀就是系主任。當時我是比較年輕的科學家，對他相當景仰，然而要讓那個比我年長幾歲的人留下良好印象，卻似乎是那麼艱難。我對他依然相當畏懼，所以在電話上彆扭沉靜一陣之後，我並沒有向他致意，反而衝口說出，「我聽過這個聲音！」同樣彆扭的答覆：「往後你還會聽到這個聲音！」

接著斯托爾珀告訴我，他奉指派為好奇號的任務科學家。到頭來他那個職位只坐了幾年，在加州理工學院延攬他擔任教務長時，他放棄任務科學家角色，遺缺由加州理工學院另一位非常能幹的地質學家約翰．葛羅辛格（John Grotzinger）繼任。葛羅辛格曾經參與火星探索漫遊者科學團隊，所以他已經有第一手火星經驗。他是非常有作為的領導者，也是出色的教師，每有機會都滔滔暢言地質學的迷人細節。在葛羅辛格的高明領導之下，出勤考察或參與會議都充滿樂趣。

經過一段時日，漫遊車各領導人彼此認識愈深，我們知道大家是命運共同體，萬一計畫取消或者太空船墜毀，所有人都會失去探訪火星的機會，因此我們都相互支援。當初史騰博士試圖取消化學相機的時候，就是這個核心團隊聲援拯救。我們經歷其他幾段艱困時期，不過大半時候都是齊心協力分頭領導儀器團隊。

在儀器還沒有完成之前，整支火星科學實驗室科學家團隊共同參與一次團體演習，學習合作之道。二〇〇七年，我們展開一項號稱「慢動作實地試驗」（Slow Motion Field Test）的活動，期望所有人都能藉此熟悉好奇號上配備的新技術，以及如何協同使用這類技術測定著陸位置的地質學，可能的話還有生物學特點。我們要假想好奇號（那時還沒有動手建造）位於地球上某個未知地點，大家每個月撥出一天執行這種假想作業，所以才叫做「慢動作」。

第一個火星日（太陽日）時，演習團隊只有影像可供審視。我們取得一幅顯示大體地貌的衛星影像，還有一幅全景影像供我們檢視周遭環境。團隊使用這些影像來決定，往後幾個太陽日要把漫遊車送到哪裡，還有應該使用漫遊車的「工具套件」來進行哪些分析。每個月在下一個太陽日的計畫擬定之後，噴射推進實驗室科學辦公室就派出「漫遊車」，一位名叫拉爾夫・米利肯（Ralph Milliken）的地質學家，根據團隊把漫遊車「派遣」到何方，便前往當地拍攝新的照片。

米利肯還採集岩石和土壤樣本郵寄到各個實驗室，接著再以類似好奇號的儀器分析樣本，並為團隊提供資料。為確保沒有人作弊，籌辦人要求操作儀器以及傳送資料到噴射推進實驗室的人，不得和好奇號有絲毫牽連。他們對化學相機感到好奇，因為他們從來沒有處理過雷射誘發破壞光譜儀的雷射，但也有點懷疑，儀器真能達到我們所稱的功能。這是我們驗證能耐的時刻。

是不是準備妥當，可以進行這項試驗，這點我沒有把握。當時計畫開展才過兩年，我們都焦頭爛額致力處理設計和製造細節。至於如何取得準確結果並送回實驗室，我們並沒有投注多大關注。二〇〇四年雷射意外和全面停工之後，克萊格便肩起分析工作使命。儘管克萊格是一位優秀的科學家，然而就雷射誘發破壞光譜法，他卻是從頭開始，先前全無經驗。兩年時間可說非常短暫，很難全盤了解這項新技術的複雜細節，更別提學懂火星地質學。況且他還只是兼職從事化學相機工作。

火星上的岩石主要都是火山玄武岩，和地球海洋底下的岩石種類十分相像。除了二〇〇三年最後來到沉積岩間的機會號漫遊車之外，其他火星著陸作業全都在玄武岩區進行。玄武岩的特徵遠比其他岩類更容易區辨，所以我們集中探究這類岩石。玄武岩含五成二氧化矽，其餘成分則包括鐵、鋁、鈣、鎂和其他幾種元素，所有組成能以雷射誘發破壞光譜法得出良好信號。我們才剛完成一份論文，就來自火星的不同玄武岩隕石進行比較，得出的結果相當不錯，由此我產生一些信心，認為我們應該用心參與慢動作實地試驗。

我們打算在試驗「第二天」動用雷射誘發破壞光譜儀來進行分析，日期排定在第一天過後一個月。儘管早先在實驗室已經取得類似化學相機的資料，但這次我們預定要從噴射推進實驗室網站取得，就如同資料是得自火星的結果。我們會有一天時間檢視數字，接著必須用電話和網際網路把發現提報給五十多人的團隊。就在資料備妥取得當天上午，我接到克萊格的電話。

「羅傑，你有沒有時間？我們得談談化學相機資料。」

他的聲音有深深的憂慮，那時我還沒有看資料，他不想在電話上講，希望來我辦公室談。他的辦公室在好幾英里之外，中間隔了洛斯阿拉莫斯實驗室錯綜分布的複合場區。等他開車過來時我已清理書桌，並調出新資料。克萊格從門口衝進來，把門牢牢關上，接著他坐下。

「這些資料裡面沒有矽……所有樣本都沒有！」他喘息未定，衝口說出。到現在為止，克萊格處理過的岩石全都是玄武岩，而且富含矽質。我們先前就吩咐負責取得資料的詹姆斯·貝爾菲爾德（James Barefield），使用玄武岩當作標準和新樣本做比對，期望那些神祕岩石都是相仿類別，但出現的岩石類型和我們當初的預期不符。

我回想上次因為火災錯過的漫遊車實地試驗。後來我們分析從野外送來的樣本，那些樣本當中有些是碳酸鹽類。地球各大陸的沉積岩，主要是石灰岩一類的碳基類型，一般都是從有機物質生成的，然而我卻沒有料到，模擬火星野外試驗竟然會出現碳酸鹽，因為在那顆行星上還沒有發現那種岩石。再者，我先前也假定，野外現場應該和噴射推進實驗室相當接近，而南加州那處地區的碳酸鹽含量相當貧瘠。

我查看圖表，核對我們應該見到碳排放尖峰的位置，果然，有些樣本確實出現尖峰。我調出一些舊資料，確認我們的神祕物質看來就像白雲石，正是石灰岩的一種變體。克萊格的呼吸稍微放輕鬆了。這實在有趣，過去三十年科學家都在猜想，火星上或許有碳酸鹽，也著手尋找。我們可以假想在火星上發現碳酸鹽。

克萊格比我更擅長分析，他仔細審視資料。現在他也跳脫框架來思考，結果他注意到，其他幾件神祕樣本並沒有碳尖峰。儘管沒有出現新的元素，有些尖峰的比率顯然並不相同。

「這些不可能是硫酸鹽，是吧？」克萊格懷疑詢問。

石膏是常見的含硫沉積物質。不幸的是，雷射誘發破壞光譜法並不擅長檢測硫。我們兩人對這種元素都沒有經驗，不過我們知道，火星上有許多硫。我們查詢一個發射譜線資料庫，找到應該出現硫尖峰的地方。對啦，我們見到一些模糊尖峰，不過並沒有把握那就是硫。我們在書面提報中指稱，說不定觀測到硫，克萊格也信誓旦旦，等他回到實驗室就立刻進行含硫岩石實驗。

隔天，我們喜形於色向引頸翹望的團隊提報資料。由於化學相機扮演的是遙控探測儀器角色，第一批化學分析便由它擔綱，而且我們的假想演習進行到這裡時，漫遊車也還沒有動用車上機械臂或其他儀器，團隊成員只收到照片和化學相機報告。為了搭配模擬情節，我們的報告起頭就印了一個大標題，上書「新聞稿：火星上發現碳酸鹽！」我們指出碳、氧、鈣和鎂的光譜特徵，這些成分就是這批岩石的主要元素。我們還點出，說不定能在其他樣本上觀測到硫。

所有人見了我們的虛擬新聞稿都相當振奮，而且在往後幾天，團隊還熱切在岩石上挑出新標靶，好讓化學相機射擊。一個月過後，漫遊車演習的下一個模擬日，我們明確指出演習實地的兩類岩石就是碳酸鹽和硫酸鹽。我們已經驗證自己的能耐！

結果那處野外地點是在新墨西哥州南部，和噴射推進實驗室相隔很遠，位於一處沉積盆地的邊緣，那片盆地還延伸跨入德州西部，美國大陸蘊藏最豐富的油田區，後來好奇號團隊前往那處地點做了野外探勘。我們還見到，在慢動作實地試驗時檢驗出的碳酸鹽和石膏地層如何間雜交疊，這兩種物質還構成新墨西哥州白沙區（White Sands）的著名沙丘。就在這時，精神號漫遊車在火星上發現一塊碳酸鹽岩，讓這處實地現場和我們的工作更顯得息息相關，然而它拔得頭籌，領先我們在火星上發現了。

第20章　落腳火星何方？

執行化學相機專案頭幾年，我們全神製造儀器，專心讓它發揮功能，很難再有時間考量目的地。第一次把焦點轉到火星是在二〇〇六年六月，我們參加一場著陸地點專題研討會的時候。這是接連五場同類會議的第一場，五場會議的目的是討論何處是漫遊車在紅色行星上執行任務的最佳地點。當時我投注化學相機工作，忙得不可開交，晚一天抵達而且大半時間在講電話，和供應光學零件的承包商和賣方交涉。

專題研討會連續三天在帕薩迪納會議中心（Pasadena Convention Center）一間擁擠的會議廳舉行，不只好奇號團隊成員可以與會，還開放所有人參加。儘管先前兩代火星漫遊車老兵與會者眾多，但有兩位缺席人士引來關注，他們是火星探索漫遊者號的科學領導人斯奎爾斯和阿維德森。他們這次缺席，代表新任務的領導階層已有變動。得知有希望前往新地點從事探索，與會來賓都相當興奮。火星的土地總面積等於地球的面積（海洋部份不計），這個新機會展現出龐大的可能性。就設計規格而言，好奇號能夠在相對較小的橢圓地區著陸，於是先前幾趟任務無法企及的位置，成為新的潛在地點。

會議第一天，航太總署的行星保護官約翰．拉梅爾（John Rummel）訂下基本規則，確立哪類位置不得納入考量，以免地球細菌隨著未消毒的太空船前往那裡並在火星上滋長。由於漫遊車裝了放射性同位素熱電式發電機熱源，萬一墜毀在有許多冰的地方，車上的熱能就會在表層底下淺處產生半永久性溶水泥坑，於是沾在車上的地球細菌，就有機會存活一段不確定時期。倘若漫遊車最後在跨越覆冰地帶時老舊死亡，也可能發生相同情況，因此計畫不得以覆冰地帶為標的。這樣一來，部份最有趣的地點，好比據信由流水沖刷生成的新近溝渠，還有某些顯而易見的冰成地貌，全都成為好奇號的禁區。會上還討論其他有可能導致著陸風險過高的問題，好比強烈側風或陡峭地形，於是另有些討喜的地點也因此從清單劃掉。

不過這些細節並沒有澆熄會眾的興致。事實上，我先前很難得見到這般快活的科學家，我們如魚得水。會議結束時，我們展現美國精神投票表決特別受人青睞的著陸位置。票數經畫記存查，接著還針對計畫前景發表幾句結語。下一次會議得再等十四個月才會舉辦，在這段期間，繞行火星的太空船會細部觀測特別討好的著陸位置，為下次會議提供新資訊。就現況而言，地面作業的開展讓學界社群相當開心。

第二次專題研討會時，學界社群從上回落實的成果接續下去，專注於排行前七名的著陸位置。科學家研讀新的成像資料，檢視對這些地方的期望是否實際可行。由於只有幾個著陸位置可供考量，討論也變得熱烈，到最後又舉行一次票選。事後，籌辦委員會部份成員認為，應該請工程師重新評估那些著陸位置的技術可行性。這支「先上車後補票」的團隊宣告尼利槽溝（Nilli Fossae）死刑，那是火星北半球一處廣大的峽谷。由於海拔相對較高，加上其他幾項因素，在那裡著陸太危險。支持那處地點的人士起身對抗裁決，卻終歸徒勞。另一處著陸地點，是從無人聞問而崛起成為最愛。

火星偵察軌道器（Mars Reconnaissance Orbiter, MRO）的新近分析，蓋爾撞擊坑底部附近幾處非常有趣的黏土層，那個大型撞擊地貌位於南方古老高地和北方低地的接壤處。從黏土和水岸線的地形看來，肯定能找到存有靜水一段時期的著陸地點進行研究。不單如此，蓋爾撞擊坑還是一處比大峽谷更高的沉積層岡陵的座落位置。由於沒有證據顯示目前那裡還有冰，那處地點也就得到航太總署行星保護處的綠燈通行許可。這說不定正是我們尋尋覓覓的「可棲身環境」。

到了下一次會議尾聲，四處地點依然留在清單上：蓋爾撞擊坑、另兩處非常有趣的溪流河床和三角洲的撞擊坑地點，還有一處非常古老的地點叫做馬沃斯谷（Mawrth Valles）。根據在軌道繞行的火星快車號（Mars Express）的法國製「可見光和紅外礦物學測繪光譜儀」（Visible and Infrared Mineralogical Mapping Spectrometer, OMEGA），以及火星偵察軌道器的「火星專用小型偵察影像頻譜儀」（Compact Reconnaissance Imaging Spectrometer for Mars, CRISM）的測繪結果，在四處地點當中，以馬沃斯谷的黏土礦物訊跡最為強烈。

二〇〇八年宣布延後發射之後，學界社群突然多出兩年時間可以研究這些著陸地點。第一件事是重新檢視軌道影像是否有新的絕佳地點，然而這幾個新的候選地點經過幾次委員會議之後，卻沒有一處的吸引力超過原先那四處地點。顯然我們從一開始限縮遴選範圍做得很出色。

四個著陸地點顯然能迎合不同興趣的人。從軌道研究礦物訊跡的光譜學家，希望選出顯現最強烈光譜訊跡的地點，也就是古老的馬沃斯谷。判讀影像中物理特徵的地形學家，希望選出展現最有趣形狀和細部構造的地點，包括形似河川三角洲、水岸線和沉積岩層的地貌。馬沃斯谷完全沒有這類地貌，所以在地形學心目中，那處地點很無聊。這些有趣的可見地貌，說不定正是深深吸引地形學家的三角洲、海岸線、岩層和河床，然而其中許多卻沒有強烈的光譜信號，無法吸引光譜學家的目光。光譜學家質疑，探索不含黏土礦物的地區有什麼價值？在他們眼裡，黏土礦物是搜尋生物區系證據的起點。地形學家指稱，這些地點的塵土底下可能埋藏黏土礦物，所以不妨把它們納入考慮。

我們需要兩台漫遊車才能讓所有人滿意，然而不像火星探索漫遊者任務的科學家，我們只有一台。

支持馬沃斯谷的領導人是讓皮埃爾・比布林（Jean-Pierre Bibring），這位深富魅力又口才辨給的科學家，曾在幾年前把他的可見光和紅外礦物學測繪光譜儀送上火星軌道，並領導地圖測繪作業。比布林留一頭稀疏銀白長髮，高聳前額連向尖鼻子，身穿稍嫌過時的法國服裝，那副模樣彷彿是從大革命時期搭時光機到現代。他抱持很「有趣的」政治觀點，所幸他不常談起那套見識。不論如何，他列名法國頂尖行星科學家之林，肯定也是最直言不諱的一位。根據比布林的發現，馬沃斯谷擁有不只一類黏土礦物，而且那裡還是已納入考量著陸地點當中最古老的一處。法國科學家出席著陸位置會議的人數相當多，就好奇號團隊而言也是如此。在大家心目中，法國人有強烈的自主性，然而有趣的是，比布林的同胞對他鼎力支持。我從來沒有見過他的同事表現得這麼團結。法國科學家這種全體一致的舉止，引來部份非法國科學家非議。為什麼平常都各自獨立的法國人，這時竟然上下一心聯手投票？

兩場著陸位置會議安排在升空前最後十四個月舉行，我們不希望僵局延續到最後一次會議。兩次聚會的第一場在二〇一〇年舉辦，提報都經過精心琢磨，用餐和休息時間的討論也變得熱烈，卻看不出有哪個地點異軍突起。會議上不再舉辦票選，因為我們不希望憑一、兩票決定整個結果，於是辯論尾聲成為就四個候選著陸地點各說各話。局面進入最後關頭了！

二〇一一年五月的終場討論會是一場馬拉松。我們趁法國同事遠道前來，排定在週末為化學相機團隊舉辦一場專題研討會。會後就是為期三天的著陸位置討論，接下來一個上午就只限好奇號科學團隊參與研討，最後還有一個下午則是只讓核心團隊參與的閉門會議。

那週剛開始時，我們的計畫科學家葛羅辛格向我走來，腦中想著該如何下達一項決定。這道關卡得由葛羅辛格帶領我們通過，隨後才能專注任務。我猜想，葛羅辛格偏愛的地點是蓋爾撞擊坑，那裡有座五公里高的沉積丘，還有丘中峽谷、逆流河河道和沖積扇，但是他不會向科學界透露心意。葛羅辛格是我們的領導人，不過他並不希望把他的意志強加在我們身上。

葛羅辛格幾次向不同團體談火星時便注意到，民眾對含有廣大河川三角洲的撞擊坑位置最能產生共鳴。三角洲是所有人都能感到息息相關的地貌，這顯示昔日那裡確實曾經有條河川，還有一片海洋。那處稱為埃貝爾斯瓦爾德（Eberswalde）的地點，也讓航太總署主管這項決策的最高長官埃德·維勒（Ed Weiler）非常關注。埃貝爾斯瓦爾德顯然略微超前其他撞擊坑。葛羅辛格認為，我們有可能就埃貝爾斯瓦爾德建立共識。不管最後是哪裡獲選，我們希望就那處地點建立最堅定的共識。

會議開始，大家就這四個地點進行提報和討論。每一處都有人強烈擁護，頭兩天過去了，僵局全無破解跡象。會議變得漫長乏味，我們開始感到疲憊。最後一天大半都是「開放麥克風」，所有人不管就任何課題都可以補充發言。前一天晚上，我被比布林和另一位法國同事逼到牆角。那時我們已經談了好幾個小時，討論關於化學相機在不同地點會做什麼事情的所有細部詳情，還談到這個領域的其他種種發展情勢。最後，比布林抓住我的手，盯著我的眼睛說，「你的票一定要投給馬沃斯谷，我知道你會做出正確抉擇。」

隔天從早到晚，我都看到比布林向好奇號團隊成員拉票。比布林說英語和他的巴黎法國同胞雷同，講話速度同樣比多數美國人快。不過，果真造成影響的話，他那樣努力遊說反而惹人反感。好幾份新的提報發表了，卻依然沒有哪個地點脫穎而出。葛羅辛格認為埃貝爾斯瓦爾德有可能名列前茅，顯然他的想法並沒有實現。最後幾段聲明發表之後，火星學界會議休會，沒有達成決議。

這件事情得由好奇號團隊在隔天下達決定。

我們在加州理工學院一棟新建築舉行好奇號集會，在大飯店會議廳待了太多天，換個環境很討人歡欣。我們全都擠進一間大型講堂，儘管我們這個團隊的人數遠比學界社群會眾少，總計卻依然將近五十人。值得注意的是，比布林和幾位光譜學家並沒有出席，因為他們並不是好奇號的正式成員。葛羅辛格上台致詞歡迎我們。接著立刻發起投票，看團隊的立場為何。我們全體屏息凝氣，深恐僵局延續。不過這次出現明顯順序，比布林偏愛的地點遠遠落入第三。撞擊坑地點當中的兩個，埃貝爾斯瓦爾德和區內的河川三角洲，以及蓋爾撞擊坑和區內高高堆疊的沉積層都名列前茅，不過蓋爾撞擊坑擁有明顯優勢。我們有一整個上午可以運用，所以我們討論了幾件事情。延後決定有沒有幫助？倘若我們真的需要更多時間做決定，工程師和導航團隊還可以配合再等幾個月。不過沒有那個必要，沒有人認為還需要更多時間。淘汰第四名之後，最後又票選一次，這次蓋爾依然名列前茅。會議結束，我們去拿午餐。

核心團隊會議排在下午，我們討論了著陸安全。這次蓋爾撞擊坑同樣擁有好幾項優點，包括靠近赤道，還有著陸區的大型礫石和陡坡，看來也比其他地點稀少。工程師會喜歡這個選擇，著陸點就在蓋爾撞擊坑。

好奇號會議結果必須保密，我們沒有最後決定權，得由航太總署主掌選擇的官員裁量。他希望我們提供建言，不過也不該假定結果肯定如此。三週之內維勒就會在華盛頓聽取簡報，接著消息就會傳出去。不幸的是，結果提早洩漏。比布林的地點沒有獲選，讓他火冒三丈。兩週之後，他和航太總署部份相關官員都出席一場不相干的會議，結果他當眾表示，航太總署不好好選擇的話，他就要提出強烈譴責。

謠傳比布林認為太陽系的生命首先是在馬沃斯谷開始，後來才到地球，若是不在那裡著陸，我們就會錯失良機，無法得知我們的起源。比布林寫信給多位高層人士，甚至想法子和航太總署署長共進早餐，趁機和他討論此事。到了六月，一篇新聞報導搶在航太總署之前公布著陸位置。那篇報導並沒有引述消息來源，寫得就像八卦文章。這下輪到航太總署惱火了。比布林的地點肯定不會中選，不過航太總署決定延後宣布結果，等塵埃落定之後再說。到了七月，最後一艘太空梭完成最後航行，火星著陸位置才終於在一次史密森尼博物館（Smithsonian Museum）火星特別活動上宣布。好奇號要去蓋爾撞擊坑。

第21章 重回卡納維爾角

天色一片漆黑，收音機響了，關恩把我搖醒。我很高興此時起床，一趟美妙冒險就要從此開始。那是二〇一一年十一月，從我上回到卡納維爾角參加起源號任務發射，到這時已經過了十年。這些年來發生許多事情。起源號已經升空又著陸了，最美妙的事是起源號科學團隊已經把結果公開發表。同樣令人驚奇的是，我們現在就要把一項新發明送上火星表面。另外還發生種種事情，哥倫比亞號太空梭返回地球時失事，我們的火星調查大氣樣本收集任務始終沒有獲選，以及太空梭船隊最後終於退休了。

關恩和我在那十年間把孩子養大了，卡爾森十八歲，到各大學院校四處參訪，弟弟以薩也已經念高中。我回想上次和家人去看發射那趟行程，那次我們邀請孩子的祖父母同行。至今我們還是很難追上那兩個小男生，現在他們都飽經歷練，長成青少年了。十年能帶來多大的差別啊！

我訂好航班，後來航空公司卻更改時間，我得比原本期望的時間提早兩小時起床。為了補償過早清醒，我期望瞥見我們從事這趟行程的理由：火星。根據夜空指南，這時那顆行星應該愈來愈亮，在清晨天際綻放光輝。可惜天空高雲罩頂，我能見到月光向外漫射，卻辨別不出任何星辰。或許再過一陣子，雲層就會在拂曉晨光太亮之前先行消散。我駕車通過小鎮，向格蘭德河峽谷山區駛去。我走旁路繞過聖塔菲（Santa Fe），雲層逐漸變薄，不過看來是太遲了。我也看得到基督聖血山脈（Sangre de Cristo Mountains）背後射出的第一道晨光。果然，轉上二十五號洲際公路後不久，我看到一片晴朗天空，不過已經看不到星星，因為已經太亮了。

抵達機場之後，關恩和我互傳簡訊，她和兩個男孩等週三學校放感恩節假日之後才會趕來。那週會排滿行程，週二要三頭忙，一場科學團隊會議，接著是一場記者招待會，最後還要向一群教師說明發射作業。感恩節當天，我們的法國同事籌辦一場國際足球錦標賽，再接下來：發射升空。

除了發射升空，足球錦標賽是那個星期的高潮。陽光燦爛照耀比賽場地，溫暖的天氣和場地青翠的聖奧古斯丁草，讓人看不出那時已經是九月底。來賓在球場入口附近擠成一團，多數人都簇擁在錦標賽法國籌辦人皮埃爾—伊夫・梅斯林（Pierre-Yves Meslin）和我們的專案主持人巴勒克拉夫身邊。先前在洛斯阿拉莫斯時，巴勒克拉夫已經擔任足球比賽裁判多年。此時他身穿的不是條紋裁判衫，而是一件馬球衫——這次他要上場比賽。大家身著各類不同服裝，有些人，特別是外國同事，穿戴看來很專業的足球裝備。其他人則身著牛仔褲或休閒短褲。莫希斯和他的太太阿梅勒從法國帶九歲大的女兒庫隆珀同行，儘管她體型嬌小依然決意上場。卡爾森和以撒也躍躍欲試。

群眾人數繼續增長，那是一次大團圓，過去七年曾經和我合作的人全都到場，還加上來自其他儀器團隊的眾多科學家和技術人員，總計超過一百四十人在錦標賽上現身。籌辦人員把選手分成八隊，採行雙敗淘汰制。比賽在短式球場舉行，每個賽次各含上下兩半場，各比賽十分鐘。西班牙球隊把自己命名為「世界冠軍隊」，不過事實證明，他們做科學比踢足球高強，最後列名第八。獲勝的法國隊還在旁人傷口上灑鹽，所幸大家懂得克制，所有人的身體和自尊都毫髮無傷。賽後所有人都在午間享用一頓野餐。一日將盡，我的家人從食品雜貨店買來現成的感恩節晚餐，邀請莫希斯和法國團隊成員勒內．佩雷茲（Rene Perez），以及他們的家人來我們的公寓共聚。我們向他們談起四百年前發生在北美洲另一側海岸線的事件，並說明那就是我們慶祝這個節日的起源。

當然，我們之所以來到此地是為了即將發射上火星的好奇號。不論我在哪裡，做什麼事情，心中總是浮現頂端搭載好奇號的擎天神五號運載火箭，佇立在離浪濤不遠處發射台上的身影。

擎天神是一系列非常成功的運載火箭，擁有悠久的歷史。第一型是洲際彈道飛彈，在一九五〇年代晚期開發。到了一九六〇年代早期，航太總署需要一款可靠的火箭來執行水星計畫繞軌飛行，擎天神便成為他們精選的助推器。令人驚奇的是，除非在燃料槽中注滿液體或加壓氣，否則它的強度並不足以支撐自己的重量，因為它使用所謂的氣球式燃料槽——以薄弱外壁加上內壓來支撐火箭上半部的燃料槽。由於擎天神運載火箭不裝設專屬支撐結構，比起有支撐的設計，重量輕了許多，也才能把更多酬載質量送上軌道。這類火箭起碼有一枚在一九六〇年代早期由於燃料槽失壓墜毀，不過那是一起罕見事例。往後幾十年，這型火箭還繼續在幾十趟無人軍事任務發射作業派上用場。

到了一九九〇年代，擎天神系列火箭全面重新設計。槽內增添支持結構，還有若干改變。新的載具使用的**RD-180**型發動機，其實是俄羅斯的設計，這相當諷刺，因為這款火箭起初是冷戰時期的一款洲際彈道飛彈。如今推動好奇號升空的擎天神五號火箭，官方正式編號是五四一型，這表示它的酬載整流罩直徑五公尺，四枚固體燃料助推器外掛在火箭基部，還有一枚單發動機式半人馬座第二節火箭。第一節的主要核心容納裝了煤油和液態氧大型燃料槽，聳立超過一百英尺。火箭總高約兩百英尺，重量將近三百五十噸。擎天神五號最近一次發射是在八月初，把朱諾號（Juno）太空船送往木星，五年過後就會進入軌道，任務目的是研究那顆巨大行星的內部狀況。

好奇號的飛行計畫必須安排在上午升空，運用每天持續約兩小時的發射窗口。發射幾分鐘過後，火箭會拋棄用罄的四個固體燃料助推器。時間過了三分半鐘之時，覆蓋好奇號艙體與第二節的酬載整流罩就會釋開。主助推器會繼續燃燒到略超過發射後四分鐘，達到一百英里高度，並飛越好幾百英里水平距離。分離之後，上層級就會推動太空船進入一條橢圓形繞地軌道。不過在還沒繞完一圈，來到和火星相對妥善的位置之時，發動機還會再次點火八分鐘，引導好奇號脫離地球軌道並朝火星飛去。四分鐘之後，火星巡航節就會從第二節分離出來並踏上旅程。

這是太空梭計畫結束許久之後，頭一次在卡納維爾角頭執行的重要發射任務，最後一艘太空梭亞特蘭提斯號是在七月二十一日返回地球。這次發射吸引希望見到另一次發射的人，還有對火星探索的未來深感興奮的許多人士。到現場觀看的民眾估計約一萬三千人。我錯過了起源號升空，這次會成為我的第一次。

漫長的等待終於過去，隨著最後幾分鐘，接著最後幾秒鐘滴答流逝，群眾興奮之情也隨之高漲。倒數來到零，所有人突然安靜下來，不過只持續片刻。我們見到煙霧和火燄，還有升空的火箭，這時從群眾爆出一陣響亮、持續的歡呼聲，載具在「衝、衝、衝」吼聲當中上升越過發射台。從這個距離之外觀看，我禁不住想到，這次升空和我小時候在後院觀看的所有火箭發射是多麼相像。這時載具拖著一條火燄長尾，短暫消失在雲中，接著又出現在層層雲朵上方。最後發動機聲響傳進我們耳中，那是一陣低沉的持續轟鳴。火箭呈弧形飛越大西洋上空，變得愈來愈小。一台電視監視器短暫播映火箭的遠距離影像，所有人都興奮交談，回頭朝巴士走去。

從參觀區搭車的回程途中，我們繼續接收噴射推進實驗室發來的電郵，向我們通報儀器的溫度，還在推特公開貼文表示所有系統運作良好，而且太空艙的最後分離作業成功。我們鬆了一口氣。幾週之前，俄羅斯一趟前往火衛一（Phobos）的任務才剛失敗，太空船沒有脫離軌道，注定要墜回地球。這讓所有人對這次成功都心懷感激，也提醒我們，眼前的旅程是多麼危險。隔天，全球各地報紙頭條全都掌握發射時嘶吼「衝、衝、衝」所展現的昂揚精神。我不敢相信，我們真的踏上前往火星之路！

我們待在佛羅里達州最後一晚，我替全家打包行李時暫歇外出前往海灘。當時已經非常晚了，我步步小心走到水邊，暗夜中只見到碎浪泡沫。冬季星座在東方海上燦爛閃爍，我覺得我看到火星在低平天際綻放紅色光芒。我想起好奇號。就在那個片刻，它位於我和火星之間某處，正以高速飛離地球行星。

第22章 恐怖七分鐘

好奇號行程的下一次重大事件是著陸，屆時地球上的運作核心會落在噴射推進實驗室，回傳的信號將由他們的深空網絡天線接收。

從統計數字看來，著陸火星的風險比起發射作業高出許多。負責推送好奇號升空並離開地球的擎天神五號，成功率高於九成五。相形之下，綜觀美、俄和歐洲太空機構的多次嘗試，迄至當時總計只有六次成功著陸火星，成功比例遠低於五成。過去十年間，航太總署的三次火星著陸任務沒有一次失敗，不過墜毀風險仍然令人生畏，遠高於航太總署願意接受的門檻。

二〇〇七年化學相機被取消之後，我製作一幅新的幻燈片，納入我在美國各地演講使用的提報資料。內容顯示，像化學相機這類假想計畫，從開始到最後登上另一顆行星執行測量的成功可能性。所有計畫剛開始時，都是某人心目中的一線希望或一個構想。就像一粒種子，構想有可能休眠很長一段時間，靜候適當的季節，適當的環境，好讓它發芽。行星探索構想成千上萬，俯拾皆是，然而這當中任一項目的成功可能性都極低。構想必須增補充實，而這是要花錢的。所以我那幅圖解顯示的下一個重點是申請儀器開發資助，在美國這通常必須向航太總署提案申請，不過有時也有其他來源。銀行存進一些錢，接著就可以製造一件原型（好比我們在化學相機之前先製造一台前導模型並進行測試），由此就能驗證那項概念。然而，儘管航太總署每年都贊助新儀器，其中卻只有非常少數實際升空。

到這時候，代表成功機會的線條只勉強上揚，成功可能性依然低於一成。儀器概念說不定能贏得另一輪開發提案獎助，這或有可能稍微提高成功機率。下一次大突破的要件是獲選納入飛行榜單。拿到保證可以上太空之後，一項概念實際抵達火星一類目的地的機會，大概就達到三成左右。接下來，隨著計畫通過我的圖解也呈現一條穩定攀升的線條，其中最重要的是初審和關鍵設計審查。就化學相機事例，我呈現一次劇降，猛然栽落到將近零，並標示「取消！」所幸我們跨越障礙，重新攀回上升曲線，在那之後就是將儀器送到太空船。太空船接受試驗時，機率線也穩定攀升。到了標示「發射」的位置，直線就跳升一些。發射本身就帶了約百分之五的風險。

好奇號的最重大障礙還沒有到來。在那幅圖解裡面，我顯示著陸風險介於兩成到兩成五之間。隨後線條就很靠近頂端，卻還不是完全貼頂。最後五個百分點保留給實際完成第一次測量，儀器有可能在抵達目的地之後卻不能運作，先前有幾件儀器就出過這種狀況。

截至當時為止，我呈現這幅圖解的時機全都是在升空之前許久。那幅圖解向聽眾清楚闡明，我們離成功還不是非常接近，失敗機率依然將近二分之一或三分之一，實際取決於我是在何時呈現那幅幻燈片。接著我還會指出，我們的成功機會必須有多少進展，於是聽眾也就變得相當審慎，說不定還在內心深處認定我們是瘋了，才會指望成就那種令人怯步的壯舉。接著我會很快換到下一幅幻燈片，改用對數尺標來呈現同一條線，並圖解闡明，從這個數量級來看，我們這時的成功機率已經優於構想誕生之初。新幻燈片顯示現有位置比較接近頂端，這時觀眾總會被我這手花招和樂觀看法逗樂發笑。不過我知道，我們依然必須沿著那條曲線，攀爬很長路途才能成功。

這種處境讓我有似曾相識的感覺，其實我確實有這種經歷——在起源號時期。就那次事例，火箭升空時太空船已經帶了致命瑕疵，而且我們是在墜毀猶他州沙漠之後才得知內情。那麼我們怎麼知道，好奇號並不是帶著致命瑕疵一路前往火星？由於著陸程序相當複雜，好奇號功敗垂成的可能性遠比起源號的單純艙體更高，而且在火星上也不會有人去撿拾碎片，我們有可能永遠無從得知哪裡出錯。

我心理明白，我唯一那次起源號著陸經驗讓自己的態度出現偏差。我是那次特別慘烈經驗的犧牲者。我們的腦子受了那次事件影響，突然出現古怪轉變，總想要違抗邏輯，卻只相信自己的經驗，特別是令人痛心的經驗。那樣很不理性。現在我明白，為什麼對安全著陸火星滿懷質疑。

所有能出錯的事情，全都在我的夢中至少上演一遍。從列名最前面的艙體錯過那顆行星開始，或者艙體也可能在進入時太過猛烈，就像火星氣候探測者號在一九九八年的遭遇。此外，這會是採導向進入方式登上那顆紅色行星的第一次事例。所有火星著陸前例都讓艙體像顆陀螺那樣打轉，這能產生比較安定的構型，熬過進入階段的狂暴處境。好奇號則是會停止旋轉，逕自穿越大氣，並以頂部的小型噴射器輔助操控方向。萬一熾烈熱氣在屏蔽上鑿出一個小氣穴呢？那處氣穴會愈鑿愈深，有可能穿透屏蔽，燒毀漫遊車的薄弱部位。那種情節和哥倫比亞號慘劇不無相仿，不過那次損害是從梭翼底下的隔熱磚受撞擊開始。

我的清單第二項是：降落傘有可能破損撕裂。航太總署為因應火星任務所需，必須使用愈來愈大的降落傘，這次用的更是歷來最大，而且預計在超音速情況下展開，這是機械方面的一大挑戰。我看過一段影像，片中好奇號降落傘在測試時破損撕裂。試驗後的改良措施夠不夠好？接下來，降落傘展開之後，艙體就必須開啟並投下漫遊車。萬一沒有實現，這整套巧妙裝置就會以近乎起源號墜地速度撞擊地表。接著還有反向火箭套組——「空中起重機」。萬一它變得不安定，上下翻倒，把自己推向地面呢？另一個時點的風險還更高，那就是空中起重機應該盤旋的時候，萬一雷達沒有偵測到地面，結果漫遊車和空中起重機一併著陸撞成一團呢？漫遊車背上壓著那件龐然巨物是永遠動彈不得，桅杆永遠升不起來，化學相機也永遠派不上用場。

我想到本該吊掛漫遊車下降著陸的纜繩就開始胡思亂想，這部份應該發生在車輛懸在六十英尺半空之時。我可以想像好奇號往來瘋狂擺盪，最後整個墜落表面。接著還有輪子，車輪等到漫遊車向下垂吊到最後幾英尺時才會展開，萬一車輪沒有完全展開到啪一聲就定位，這台模樣蠢笨的六輪登陸載具就哪裡都去不成了。最後，萬一吊降漫遊車的纜繩，在好奇號垂降地面之後並沒有成功截斷呢？漫遊車就會被扯住，最後說不定還會上下翻倒。就算漫遊車頂部朝上，恐怕也會被空中起重機困住，像拖著一條鐵球鎖鏈。最糟糕的是，說不定還有上千個我根本不知道的細節，都有可能讓任務受挫。

這整組系列事件最後完美落實的機會似乎相當渺茫。總共七十六個煙火引爆裝置，多半用來截斷栓門或纜繩，都必須完美無暇完成工作。這方面我不願想太多，不論結果如何，日子還是會過下去。

☆

操作預演是我的宣洩管道，這種操作準備就緒試驗（operational readiness tests, ORT）從發射三個月過後，開始在噴射推進實驗室執行。這類試驗讓好奇號團隊有機會學習種種事項，涵括從如何取得儀器回傳的資料，到如何駕駛漫遊車並規劃每日活動。試驗還兼及著陸本身、儀器啟用階段、漫遊車機械臂的使用，以及其他漫遊車活動。

好奇號是一台複雜至極的機器，我們得編排程式，幫它規劃每天八小時運作時段的活動。幫機器人做最佳安排，讓它自行執行從駕駛到轟擊岩石等一切事項，是非常了不起的壯舉。噴射推進實驗室編寫單獨一套程式，稱為「火星科學實驗室介面」（Mars Science Laboratory InterfaCE, MSLICE，念做「M-slice」），用來規劃漫遊車的所有活動。舉例來說，就我們的化學相機儀器，火星科學實驗室介面能算出我們必須在什麼時候啟動裝置的加熱器和冷卻器，為後續分析預作準備。一旦選定某塊岩石，程式就會判定位置和距離，把座標傳給我們，接著就能用雷射瞄準射擊。我們還會告訴程式，把資料發回地球的下行鏈路優先次序，以及是否該在車上處理資料，或是把原始資料回傳給我們。這套火星科學實驗室介面程式還可以用來規劃漫遊車的駕駛作業，其他所有儀器的使用，以及機械臂的動作。

好奇號的日常操作程序繁複多端，需要許多人獨立作業並協同合作，投入決定漫遊車每天該做什麼事情。每個人分頭編排自己的每日活動，接著和其他人見面排定一套計畫，把所有片段統合融貫成一套當日總體步驟。這當中必須投入大量心力來權衡斟酌，這樣所有人才能收集自己所需資料。這整套流程會牽涉到好幾十人。

一日工作會從分析前一天的資料開始，特別是負責分析下行鏈路資料的人，各個都必須確保所有進程在前一個太陽日全都順利完成。接著是一場科學評估會議，每個子系統的下行鏈路組長，都得在會上報告所屬儀器或系統的健康狀況，遇有引人興趣的新結果也都提出討論。接著，長期規劃師和作業組長就會指派幾個小組著手建立骨幹事項，分由各項儀器、機動系統，或機械臂在下一個太陽日執行。

這些小組會根據特定活動動手規劃，或選出岩石來成像或分析，或選個位置來調度部署機械臂，或者決定向哪裡駛去。他們會投入好幾個小時擬定這些計畫。輪班約過一半的時候，他們就會交出計畫片段，接著就會開會討論這些事項，並研判整體規劃活動能不能與動力、時間，和資料量的限制條件相符。倘若整體活動總和所需時間，超過漫遊車在一天內的作業時間，或者活動需要太多動力，這時就會把某些事項從計畫拿掉。資料量一般都不成問題，唯有當擬定下一個太陽日計畫之前，必須先取得某些細部驗證資料，或者當漫遊車資料緩衝器落得太滿下場之時，才會顯得非常重要。一旦計畫能與時間、動力和資料要件相符，規劃片段就可以轉交給另一個小組，由他們把計畫轉變成漫遊車指令序列。這組序列還會在漫長工作天尾聲的另一次會議接受審查，這次是由第二班的人負責，接下來指令才終於發送上傳火星。

每支儀器團隊都設有下行鏈路組長（懂得如何取回並詮釋新資料的人）、上行鏈路組長（負責把活動和序列上傳給漫遊車的人）、儀器專家和科學家。通常科學家會緊盯著工程師，確保科學目標都能夠達成。舉例來說，他們或許會檢查優先順序，確保希望分析的岩石已經排好優先順序。

化學相機的整組團隊這時約有五十人，包括科學家和工程師在內的所有人都必須受訓。操作準備就緒試驗會成為至關重要的大事，那麼多人都得接受培訓，不同團隊得排定接受不同就緒試驗項目。

第一輪就緒試驗在二〇一二年二月底舉行，在那之前有一週的「飛行學校」，試驗行前講習是經由電話和電腦螢幕進行，目的在說明日常行事曆、會議室和協定規範。二月操作準備就緒試驗為期九天，課目涵括著陸和頭幾天的儀器啟用階段。

第一輪就緒試驗早上，我在六點半抵達噴射推進實驗室，所有人臉上都流露興奮神色。這點我倒是沒有料到，不過是一次練習而已。整支團隊聚在一起，想像漫遊車已經著陸，而且也從火星接收到最早一批資料流。全隊沉迷其間。莫希斯和我發現值班結束的人並不想離開，必須哄他們下班。一週過去了，許多人都很疲累，然而事態的發展，他們連一分鐘都不想錯過。我逐漸領悟，往後當好奇號真正上火星，人員的興奮激情和好奇心肯定會成為激發團隊動力的強大因素。我最好開始著手運用。

到了第七天，我們已經完成化學相機的「火星上」雷射試驗。結果並不是一切完美無缺，不過我們得到有用的資料。那種感受令人滿足。第九天將近尾聲，學員陸續返回他們的大本營，我們發放結訓證書，拍了一張團體照。所有人都第一次體驗好奇號的運轉作業。

洛斯阿拉莫斯團隊多數成員都參加第一輪就緒試驗，卻沒辦法安排所有人都在第一次訓練講習派上用場，我們讓克萊格一個人留守，不過也向他保證，下一輪就緒試驗他可以優先參加。我們講話算話，下一輪就緒試驗時安排克萊格擔任下行鏈路組長，而且他也興致勃勃扮演這個角色。飛行學校每一分鐘講習他都參加，而且事先把程序步驟讀得滾瓜爛熟，也確認筆電裡的軟體運作正常才到噴射推進實驗室。第一天擔任組長，他滿臉熱切來到現場。資料傳入貯存器，他也起步往前衝，動手傳輸資料存進他的電腦，並展開處理步驟：去掉頻譜背景，濾除雜訊，完成波長校正。

活動進行中途，我過去看他做得如何。他的神色嚴肅到了極點，顯然沒有注意到我的出現。他的眉頭緊鎖，下顎微動，嘴抿成一條直線。我擔心是不是什麼事情讓他感到煩躁。確保士氣高昂是我這個儀器領導人的職責，看到克萊格這種情況讓我感到擔心。接著他注意到我盯著他看。他臉上的肌肉放鬆下來，露出燦爛微笑。「做這個實在太好玩了，羅傑，」他喜形於色。之後我就不再擔心克萊格，他只是熱衷投入。不出所料，克萊格成為我們最棒的下行鏈路組長。

第三輪操作準備就緒試驗和其他各輪完全兩樣，噴射推進實驗室會安排一夥小精靈，盡可能在著陸序列階段導入最多差錯，來檢視團隊如何反應，並測試我們在偏離設計規劃情況下的判斷力和技能。我們聽說大概不會有很多儀器操作事項，因為焦點會擺在確保太空船存活，所以我們並沒有親自去參加這輪試驗。

就緒試驗開始前三天，我接到一封標了緊急字樣的電郵，表示太空船出了問題。起初我被這則信息嚇傻了，不過接著我就明白，就緒試驗開始了，這是第一則演習信息。依信息所述，太空船看來正略微加速，理由不明。由於假想著陸作業排定在三天內執行，這種情況非常嚴重。工程師計算顯示，那種加速度作用，相當於一個人手上壓了一張紙巾的重量，可以在三天期間把太空船推離目標九公里，來到它可糾正並飛入橢圓著陸區的最遠界限。

往後幾個小時，導航團隊判定，可能原因是一顆小隕石擊中推進燃料管線。管線受擊噴出一股針孔般粗細的推進燃料蒸汽，從而推動太空船非常輕微加速。不久之後，我們收到另一則信息：太空船短暫失聯，等重新取得連絡，好奇號已經轉換到車上的備用電腦。情況非常糟糕，我最大的恐懼成真，起碼在預演時出現了。

我們心神緊繃準備著陸，內心深處很清楚，載具著陸肯定能局部成功，因為還有其他預演課目等著進行。著陸之夜來臨，好奇號搖搖晃晃進入火星。它在下降全程持續傳來無線電信號，從這個都卜勒音調，我們就能得知載具還活著，還有速度多快，最後便顯示著陸成功。由於真正的好奇號著陸時，地球的位置會在地平線下，因此第一筆資料預計由通過上空的奧德賽號火星衛星中繼轉發。不過就在奧德賽號理當傳回資料的時候，地球這邊卻什麼都沒有收到。第二次通過相隔幾個小時，這時它確實回傳部份資料，卻只約佔我們理當取得的資料之半。最後在八小時過後，衛星又一次通過，這才取回第一組影像，但是其中一台相機卻沒有正常運作，另一台相機拍到的天空部份超過應有的比例，這代表漫遊車的停放角度相當陡峭。

另有一種做法，可以看出漫遊車的假想著陸狀況。火星偵察軌道器裝了一台間諜衛星等級的相機，二〇〇八年當鳳凰號登陸載具開傘降到火星表面時，這台相機實際為它拍了一幅影像，這次也會幫好奇號拍照。然而，假想從那台高解析度成像科學設備相機下載的影像，卻顯示漫遊車開傘朝一處很深的撞擊坑下降。初步跡象指出，漫遊車遠低於火星平原高度。除非衛星來到正上方位置，可以和坑內漫遊車相互直視，否則就沒有辦法和它通訊。往後幾天又出現好幾次異常，不過大體來講，團隊已經讓狀況恢復正常。坡度還沒有陡峭得危及漫遊車，儀器也逐一開機運作。

預演提醒我們，不該指望作業都依常規進行。著陸後頭幾天的所有系列活動，我們都已經規劃妥當，也指定合宜人手騰出這幾天時間。這時我們心理明白，靈活彈性和準備就緒應付任何挑戰，或許才是我們最重要的資產。

這次操作準備就緒試驗還提醒我，其他許多事情也都可能出錯，而且是我連想都沒想過的狀況，其中多種狀況可能讓任務泡湯。不過我必須對抗心中的恐懼，從這時起約再隔十週，好奇號就要抵達火星展開戲劇性下降作業，同時我們也要開始面對它會遇上的一切真實問題。

第23章 登上火星

二〇一一年十一月，好奇號發射升空，採行一條常用的郝曼轉移軌道（Hohmann transfer orbit）踏上火星征途。擎天神五號第二階段燃燒，推送太空船脫離地球軌道，進入一條橢圓形繞日軌道。載具在橢圓內側點脫離地球軌道。運行到太陽系正對面的外側點時，就與火星軌道相交。若想求出前往火星的太空船該在什麼時候發射，就必須判定地球在哪個時候（這就是升空時間）和往後著陸時的火星，恰好分處太陽系逕直相對的兩側。若安排在二〇一一年十一月底發射，二〇一二年八月初著陸，兩顆行星就能符合這種半橢圓構型配置。

精確細部運算必須配合著陸位置。一般而言，運算目標是要配合行星自轉方向進入大氣，若從行星北極上空「下」望，這就是逆時針方向。同時也最好可以在白天著陸。郝曼轉移還有一個特徵，太空船在橢圓外側點的航速相形較慢。好奇號會稍微超前火星來到交會點附近，接著火星重力就會捉住那具探測器。好奇號的目的地蓋爾撞擊坑位於赤道以南四度，領航員求出一條大體由西往東走向的著陸軌跡。

過去四十年，美國只有一艘太空船錯過和那顆紅色行星的精確會合點。那是一九九九年的火星氣候探測者號，由洛克希德馬丁宇航公司和噴射推進實驗室合作製造並操作。在一次用來調整軌道器軌跡的計算作業，一家機構的工程師使用英制測量單位，另一家機構工程師的假定則使用公制單位。那次計算結果，是用來糾正對太空船產生影響的光子和太陽風微弱力道。這項著名的換算錯誤，導致軌道器迫近火星表面到約四十英里以內，進入大氣層的深度遠遠超出設計規格。通俗版故事只道出一半情節，因為領航員計算結果一致顯示，火星氣候探測者號偏離軌跡，然而這個差距始終緩解不了，最後終於太遲了。不過實際預定降到那顆紅色行星表面的航太總署太空船，並沒有任何一艘錯過指定著陸區。

火星表面的指定著陸區是以一個環繞標靶點的橢圓形來標示，其幅員則取決於眾多因素，涉及進入作業的種種不確定性也計算在內。這些不確定性包括火星的大氣密度剖面（這有可能出現相當大幅變動，因為飄上大氣的塵埃，有可能導致溫度和密度出現變化），風速和太空船在開始進入時和火星的相對精確位置。著陸橢圓區只代表太空船有九成九機率，會在這個範圍內著陸。當然，倘若一切計算和估計都正確無誤，它也就最可能在橢圓形的中央位置著陸。每次在火星上著陸，不確定性（也就是橢圓形的尺寸）都隨之縮減。就好奇號而言，著陸橢圓區已經縮小到約十二英里乘以四英里，也盡可能偎依緊貼蓋爾撞擊坑的中央沉積丘。

到了著陸那週，好奇號團隊拿一幅著陸橢圓區大型影像，貼在噴射推進實驗室二六四號建築的六樓操控中心牆上。那幅影像號稱「飛鏢盤」，團隊成員可以根據他們的最佳猜測，標示出實際著陸位置。獲勝者沒有賞金，只會得到聲望。橢圓圖上寫了約七十個名字，多數很接近中心點。我一直等到著陸當天，期望由此取得某些優勢。果然，在剩下不到十二個鐘頭之時，我們聽說從上回軌跡修正調動後的殘餘誤差，讓好奇號朝著標靶點以北約半公里處飛去。我標下我的點位。

還剩五天的時候，進降著陸組發出指令，要好奇號執行自動進入作業。由於太空船必須自行完成整套程序，這所有動作都附隨「Do_EDL」單項指令一併執行。最後一道軌跡修正機動完成之後，進降著陸組別無其他做為，只能坐視事態發展。當我們聽說指令已經發出，所有人心中都湧現一種感受，覺得我們期盼這麼久的著陸事件已經近在眼前了。就算我們在往後五天什麼事都不做，好奇號仍會自行著陸。

基於這趟任務的規模和重要性，好奇號著陸成為夏季奧運會的強大對手，彼此競逐新聞版面。這次事件不會發生在西方世界的黃金時段，著陸預定在太平洋時間晚上十點半進行。那是美國東岸的半夜，歐洲的清晨時分。即便如此，全世界似乎都很有興趣「觀看」著陸。

其實這時在火星上看不到任何東西，因為好奇號在進降著陸初期階段不能拍照。那時漫遊車仍位於防護艙體內部，降落傘釋脫和空中起重機下降期間拍攝的照片，都得等到幾天後，當漫遊車的高增益天線部署之後才能到手。下降期間的資訊主要是一道持續不斷的無線電信號，這道信號除了顯示太空船還活著之外，本身不含絲毫資訊。正是由於這個角色，這道信號才被稱為「心跳」。不過，只要仔細測定無線電的信號頻率，工程師就能判定好奇號和地球接收天線的精確相對速率。由此他們就能看出，漫遊車軌跡、降落傘展開作業，和空中起重機的機動操作，是否都按照計畫進行。這道信號裡面還嵌入幾筆關鍵事件相關數據，信號得花許久時間才能傳送到地球，當漫遊車以某種方式觸地的時候，我們根本收不到它已進入序列的信號——時間延遲了十三．八分鐘。

當然，持續心跳一路抵達火星表面也不能擔保成功。漫遊車有可能飛來橫禍翻身仰躺，像隻六腳朝天的垂死甲蟲。到頭來還可能登上地表，輪子卻沒有鎖定位置，癱瘓在現場。一旦著陸之後，好奇號依指令會立刻拍下幾張它的輪子著地照片。這些照片排定由漫遊車的避險相機（Hazard Avoidance Camera）拍攝，這組相機的設計旨在提供好奇號會遇上的一切風險的影像，好讓車輛據以繞過障礙。拍得的影像先由中繼衛星奧德賽號太空船傳回縮略圖，向上傳輸作業在它通過上空，還沒有落入地平線下之前就完成。上傳作業使用一支低增益天線，也就是發射寬波束無線電波的天線。這種做法約只能傳送百萬位元資料，低於iPhone能在單一影像中傳送的容量，不過這就足夠得到幾幅模糊的輪子著地照片。更好的影像就得等到隔天，到那時候，波束較窄的高增益天線才會部署，資料傳輸率也才能大幅提增。

儘管著陸當晚資料短缺，而且發生在三更半夜，美、加和歐洲各地都計畫做實況直播。就洛斯阿拉莫斯這邊，克萊格待命前往當地一家科學博物館主持民眾活動，那裡有一場新展覽正要開幕，館內裝一個大型螢幕播放航太總署的現場新聞傳輸。紐約市則是在時報廣場安排一個大型螢幕，用來播映航太總署的新聞傳輸，有興趣在半夜一點半看報導的人都能如願。我有位朋友拿定主意要用Skype撥回倫敦，和一處大廳的滿堂火星迷共襄盛舉，著陸時間在那裡是大清早六點半。好幾千人到最後是在法國土魯斯（Toulouse）觀賞，那裡的時間是早上七點半。

在洛斯阿拉莫斯，原本計畫為了接待我們團隊成員的親友，開放一間有三十個座位和一個大螢幕的播映室，不過還有幾週時間，看來還會有更多人現身，於是博物館館長決定再開放一間百人座禮堂，最後其他幾個房間也都滿座。到了著陸的時候，那裡已經鬧哄哄湧入四百多位火星迷。停車是個嚴重問題，民眾在洛斯阿拉莫斯鬧區很難找到停車位。

航太總署施出混身解數投入著陸公關。還剩一個月時，噴射推進實驗室發布《恐怖七分鐘》（*Seven Minutes of Terror*）影片，突顯棘手的著陸作業，還訪問進降著陸組的組員。影片在獨立紀念日前後發布，內容針對七十六件必須完美引爆，才能保證著陸成功的煙火裝置大加著墨。隨後又發布好幾部影片，延攬名流暢談計畫中的驚人著陸作業。邀請函飛往社會賢達和外國太空總署領導人手中，到了著陸當天，噴射推進實驗室冠蓋雲集。

團隊成員以不同方式應付壓力和預期結果，尤其是法國工程師佩雷茲展現高度膽識，他曾經待在洛斯阿拉莫斯六個月，協助整合、測試我們的儀器。平常他對任何宗教都不假辭色，然而這時化學相機整支團隊卻收到一封他的電郵，表示他在祖先故居附近一處禮拜堂祈禱。

十天之後，我們都收到一份邀請，要我們觀賞一段YouTube影片，那是佩雷茲自己的「恐怖七分鐘」。我們猜不出那是講什麼。影片開始是佩雷茲把一台小型攝影機綁在他胸前一支短竿前端，這樣就能照到他的臉孔。我們從背景看得出他是在一處小型機場，接著是他搭著一架螺旋槳飛機起飛，提升高度。這時我們可以看到貨艙門已經開啟，有個頭戴安全帽的人從後面和他綁在一起，接著他和他的同伴跳出飛機。佩雷茲向下墜落時滿臉綻放興奮，氣流很快就吹上他的臉龐，翻捲起他的雙唇，還讓他的臉頰控制不住地拍動。地面逐漸接近，手臂和手掌像小翅膀般揮舞，高度和仰角也隨之出現種種改變。接著佩雷茲的同伴扯動他背包上的拉索，隨後翼傘開啟，產生一陣劇烈抖動。兩人喝采歡呼，慢慢朝地面盤旋下降。一分鐘後，他們降落在草叢中，佩雷茲的太太跑上前來迎接他回到地球。按佩雷茲的說法，既然他能熬過他的恐怖七分鐘，好奇號肯定也辦得到。佩雷茲當然會來到噴射推進實驗室，和我們共度著陸作業。

噴射推進實驗室在著陸之夜非常熱鬧。酬載儀器的科學和作業團隊，全員來到飛行專案大樓（Flight Projects Building）地下室一間大型演講廳齊聚一堂。化學相機團隊成員莫希斯、巴勒克拉夫、佩雷茲、班德和我，加上其他許多人都在廳內不同區域找到自己的位置，和其他儀器團隊人員待在一起。負責不同儀器的眾多人員都來了，多數人都懷著喜慶心情到場，許多儀器團隊聚集拍攝團體照，科學家和工程師同樣雀躍展現緊張活力。就我而言，不禁想到起源號，還有這趟任務可能落得相同下場。

人數超過三百名的科學家和工程師群聚，演講廳前面那個大螢幕播出一幅模擬景象，顯示好奇號、艙體和巡航載具映襯星辰背景慢慢轉動，朝著紅色行星逐漸接近。距離、速度，和預定著陸時間顯示在螢幕一側。太空船距離目的地仍有兩萬五千多英里，不過以每小時九千英里的速率接近，距離數字也跳動得相當迅速。我再次進入廳內時，從螢幕上就看得出火星愈來愈近也愈來愈大。數字顯示載具逐漸加速，被重力牽引進去。

葛羅辛格宣布集會就要開始。他提醒我們，身為這次歷史性任務的一員是多麼光榮，這是繼維京號之後的最大壯舉。他提到，我們的任務是一趟歷時久遠的輝煌冒險。許多儀器和功能強大的漫遊車，才剛要開展肩上的工作。他讓出講台，請斯奎爾斯講幾句話，這位火星探索漫遊雙車任務領導人鼓勵我們，好好享受這個千載難逢的盛事和接下來的許多星期和時日。接著葛羅辛格要我們注意看幾段任務相關影片，一段是新的，還有幾段是晚近拍攝的。最後，沒有其他事可做了，只能等待。

這時一個螢幕播出模擬，另一個螢幕則播放進降著陸組在控制室內，坐在電腦前追蹤資料的情況。所有人都穿著特製藍色馬球衫，上面印一個標識，顯示空中起重機把漫遊車垂降到地表。進降著陸組組員陳友倫（Allen Chen）先前已經獲選向航太總署電視台（NASA TV）和全世界發布事件進展。

大家各就各位，我們的房間也逐漸安靜下來。剩下十七分鐘，巡航節分離消息公布，引來滿堂喧鬧歡呼。接下來，載重都經投棄，讓艙體能夠以偏軸重心狀態逐步接近。這樣一來，艙體才能在橫越蓋爾撞擊坑上空之時操控本身航向。艙體的緩慢自旋在這時止住，同時轉向和行星呈一個微小角度，作用端朝前。群眾變得焦躁不安，我們離進入開始還有八分鐘，這時好奇號位於火星表面上空不到一千英里，每小時航速超過一萬三千英里。

我看一眼手錶，心理明白就在這個時刻，好奇號已經以某種方式登上表面，即便信號還得再過十四分鐘才能傳抵地球。這種想法讓我湧起一種古怪的感受，不論未來如何，事情已經發生了。我起立向擁擠的廳堂大喊，好奇號其實已經接觸表面。大家在心中表示認同，接著又回頭觀看延遲的地球時間事件發展。

另一次宣布猛然抓住我們的注意力，這時太空艙已經接觸大氣層上緣。陳友倫在控制室內往上累加宣告加速度「g」值，約一分鐘後就提增到接近十的最高峰；稍後加熱值也達到高峰，太空船正執行轉向操縱。控制室向我們保證，太空船表現良好，一切都與設計規劃相符。又等了一陣子，揚聲器傳來「降落傘展開」迴響。控制室和大廳都爆出狂喜歡呼，我靜等並觀察進降著陸組人員的臉孔，尋找一切出錯跡象。幾乎就在下一瞬間，防熱板釋脫了，引來更多喝采聲。這時雷達已經啟動，不到幾秒鐘，雷達偵測到地表的消息宣布，後來還證實這比預期更早。群眾這時也逐漸變得非常熱烈，約一分鐘過後，進降著陸節啟動並從艙體釋出。這時我又仔細端詳控制室內人員的表情，他們繃著臉，露出緊張表情，不過一切似乎進行得不錯。

陳友倫開始倒數高度讀數：好奇號降到離火星表面五百公尺、一百公尺，接著四十公尺，空中起重機操控開始。若進展順利，好奇號只需要再過幾秒就會抵達地表。廳內沉寂，時鐘滴答。空中起重機發動之後過了十五、二十，接著是二十五秒。進降著陸組一位組員握拳揮舞慶賀勝利，卻沒有其他人歡呼。其他人開始彼此擺姿勢表示沒把握，這就是我最害怕的時刻。我們已經那麼接近，然而種種事項卻依然有可能出大錯。不過這時卻突然宣布著陸確認，兩個演講廳滿堂爆出狂野歡呼。科學家和工程師相互擁抱，在廳內跳舞。佩雷茲擦拭雙眼淚痕，對他來講，好奇號的恐怖七分鐘比他自己的跳傘冒險還更激情。

我們全都歡欣相互道喜。我腦中依然存留些許質疑：我們怎麼知道，好奇號並沒有落得朝一邊側躺或四腳朝天的下場？觸地果真乾淨俐落嗎？就在歡慶進行當中，第一幅影像傳下來了。我們起初只能見到影像的光亮部份朝上，陰暗的部份朝下。這就足夠確認，好奇號是頂面朝上著陸。大家發出更多狂野歡呼，這次我也舉臂振呼。第二幅影像很快尾隨傳來，現在我們就看得出照片邊緣地面上的輪子。實在不敢相信，所有狀況全都完美無暇。

工程師把影像的對比和亮度做了一些調整，於是我們看出更多細節。我們向投影屏幕擠過來，那是我們對這處新世界周遭環境的第一次觀察：表面是以土壤和碎石構成，不是岩塊，我們立刻看出一道崎嶇不平的地平線：大概數英里之外的撞擊坑邊緣。這裡肯定和精神號與機會號探訪的平原地帶大相逕庭，漫遊車的陰影在第二幅影像的前景部份清晰可辨。

現在我們有一幅更清楚的影像，結果照片中間卻出現一個奇特的地物，位於一段距離之外。地貌突伸出一件沒有固定形狀的事物，那是鏡頭上的塵埃嗎？當晚那個謎依然未解。一直到幾天之後，團隊拿它和另一幅照片比對之下，才得以確認令人驚奇的事實：避險相機最早那幅影像拍到的是，下降節在約一英里之外墜毀激起的煙塵，反向火箭套組奉命飛開一段安全距離之後才墜地。純粹是機緣湊巧，相機才在恰當時機朝恰當方向拍下那幅照片。

著陸幾分鐘後，我跑去媒體作業區。媒體在噴射推進實驗室入口附近的馮．卡門演講廳（Von Karman Auditorium）架設了工作站。我順著一條黑暗巷道走去，從一處大型複合建築旁邊通過，那裡就是好奇號安置三年的處所。在那段期間，我可以進入建築，爬樓梯登上迴廊展望台，從那裡眺望那台大型白色漫遊車，它停在那裡有時看來就像展示室內的閃亮新車。現在那台車輛就停在另一顆行星上，準備就緒要展開行動。這實在不可思議。

記者招待會是喧鬧的事務，航太總署署長伯爾登躊躇滿志暢談美國的巧思創意。他指出，從沒有其他國家在那顆紅色行星著陸，而美國已經成功送上七台載具，包括這輛巨怪。

伯爾登的演講險些被門外一夥嘈雜民眾吵得說不下去，他們頻頻大喊，「E－D－L！E－D－L！」控制室內每一位進降著陸工程師，還有其他曾經涉入相關作業的人士全都在那裡大吼，總共超過五十人。最後他們終於安靜一段時間，足夠讓伯爾登講完他的演說。接下來他們就湧進門口，打算在那間擁擠不堪的講堂裡面來一趟勝利遊行。

最後，隨著記者招待會逐漸沉寂，作業人員也都回到自己的位置。奧德賽號軌道器在午夜過後又一次通過，也傳下第二批影像，航太總署主管和任務組長群集二六四號建築四樓，在專門騰給他們使用的小房間裡觀看這批影像。化學相機團隊幾位成員溜過警衛，開心回報表示，我們的儀器成功開機，而且在著陸後不到一個小時就通過電氣檢測。各部溫度都穩定下來，一切都很順利。這時許多科學家開始推敲，漫遊車究竟是在哪個位置觸地。一天過後，那處定點判定了，就在越過目標點一英里半位置，幾乎和進降著陸組根據遙測裝置預測的地點完全吻合。隔天，火星偵察軌道器衛星團隊公開一張軌道空拍照片，顯示好奇號漫遊車的艙體在蓋爾撞擊坑上空開傘降落的情況。那幅照片發給媒體之後才有人發現，防熱板也在照片裡面，正脫離下降的艙體向外飛離。它是在投棄作業完成之際當場被拍下的。

那晚我們全體熬夜，接收所有新資料並品味那種經驗，有些人在晨光映現過後許久才休息。這只是個起點，接下來我們就要在那處全新的地點，在那個奇妙的地方展開探索，認識那顆紅色的行星。

後記

第七十四個太陽日。午夜過後幾分鐘，我和六十位科學家與工程師在房間就座，一道觀看好奇號在兩個半月前的著陸情景。接下來一個半小時，科學家團隊會分析、討論好奇號的最新一批影像和頻譜，直到下一串資料在半夜兩點半左右傳來為止。到時各儀器團隊就會篩檢新的結果，團隊其他成員則著手規劃下一個太陽日的活動。調節適應火星時間對某些人來講原本就很困難，況且還得適應新式套裝軟體、陌生環境、新穎儀器，和異行星等令人頭昏腦脹的狀況。不過我的同事多半都能挺身面對，享受他們遁入替身待在火星生活的時光。

目前好奇號來到格列內爾（Glenelg）附近，那裡是三種不同地形的匯聚點，和蓋爾撞擊坑最低點相隔很近，位於布拉德伯里著陸站（Bradbury Landing Site）東北約四百公尺處。漫遊車已經來到一處稱為岩巢（Rocknest）的地點停駐，第一次挖沙倒入車上行動實驗室。從著陸以後，好奇號的儀器已經逐一開機並試驗完成。它一開始先啟動輻射評估偵檢器（Radiation Assessment Detector, RAD），這件儀器在飛行時就能運作。著陸序列進行時，火星下降成像儀拍了有史以來第一部火星著陸電影——恐怖七分鐘——讓人看了會誤以為這幾分鐘過得很輕鬆。接著由桅杆相機為世界帶來許多高解析度彩色全景影像當中的第一幅，讓我們一覽無遺看清地貌。隨後不久，在漫遊車開動之前，用來測定地表水和表冰的動態中子反照率（Dynamic Albedo of Neutrons, DAN）儀，還有漫遊車環境監測站（Rover Environmental Monitoring Station, REMS）也都開機啟動。

終於輪到機械臂連同臂上儀器也都進行測試，於是α粒子X射線光譜儀和火星手持透鏡成像儀也加入運作。最後行動實驗室的各項儀器也輪到機會啟動。火星樣本分析儀開始嗅聞空氣，尋找甲烷和其他氣體。化礦儀完成歷來第一次火星土壤成分測量作業。這兩件儀器最後就會從岩石內部採樣，不過鑽機得再靜候一個月，等噴射推進實驗室的火星模擬場試驗完成了，才能派上用場。

化學相機開機作業在第十三個太陽日完成。桅杆部署之後，科學團隊先對周遭環境拍影像，接著我們才能選擇化學相機的岩石標靶。漫遊車操縱人員先確定他們能穩當標定桅杆，然後就給我們綠燈放行，射出第一道雷射光束。指令送上火星，我們趁機睡了一會兒，讓漫遊車著手執行。十三成為我們的幸運號碼。隔天上午我早早抵達，同時火星上的太陽日則臨近尾聲。根據我們手中有關衛星通過漫遊車上空時序的資訊，資料在幾個小時之內應該還不會下鏈傳達。然而就在我們抵達後不久，資料專員達特・德拉珀（Dot DeLapp）跳起來驚呼，頻譜已經傳輸到地球。我把資料從主機伺服器傳送到我的筆電時，莫希斯和幾位法國同事也都來了。我摁下「顯示頻譜」按鈕，一組漂亮的尖峰呈現在螢幕上。信號又強又清晰——從另一顆行星傳來的第一幅雷射誘發破壞光譜。當天其餘時間混雜種種活動，接受各方道賀、向媒體發言並與團隊成員談話，說明我們看到的情況，並著手規劃後續作業。在科學評估會上，法國團隊成員準備很多瓶香檳酒，足夠所有人共享。隨後是更多慶祝活動。

化學相機的第一個標靶，看來就像熟見的玄武岩，接下來十二個太陽日期間，它退居幕後，換上各式各樣的火成岩，成分卻與火星探索漫遊車所見稍有不同，而這也提醒我們，對這顆夥伴行星的認識並不多。不過我們期盼見到的沉積岩並沒有令人失望，我們在頭幾個太陽日行駛期間已經得知，好奇號正跨越一片古老河床。那裡有圓形卵石（起初只在滿布碎石的表面見到幾顆），接著我們發現一塊礫岩（由較小岩塊膠結而成的岩石）的正下方堆了一堆脫落的圓形卵石，這些物件只有在流水或水岸波浪作用之下才可能變成圓的。

有關蓋爾著陸位置的振奮激情，在科學團隊間持續增長。這種感受剛開始是早期太陽日一幅影像引發的，畫面中幾英里之外高高聳立一座一萬六千英尺龐然大山。這在先前任務是前所未見，甚至也沒有哪趟任務曾經遇上稍微雷同的景象。接著還有出人意表的岩石組成，最後還見到一些礫岩。先前有些科學家曾抱怨，選在蓋爾撞擊坑著陸是差勁的抉擇，這時他們顯然對這些發現同感振奮，也花更多時間待在噴射推進實驗室。他們領悟到，蓋爾不只有山，還有撞擊坑深淵這種迷人的研究場所。這兩類地點和了解火星適居性的目標，都有密切的關聯。

現在團隊已經開始準備遙控作業，不久之後，我們和漫遊車的互動和指令就會經由電話和網路空間，從地球各處定點透過遙距通訊下達。生活會恢復正常，起碼就某些層面而言。同時，我們的日子不再受火星時間束縛。不過只要好奇號存續，不論那段時期只剩一個太陽日，或者延續十五年，我們始終都是火星探索者。

從第七十四個太陽日的有利觀測時點看來，到現在所有事項都進展得很順利，實在令人難以置信。當然，我們也遇上若干阻滯。起初我們害怕空中起重機推進器噴起的碎石，說不定把漫遊車的某些部位給打壞了。裝在桅杆中段的兩具風力感測器有一具沒有反應，甲板上還有一件重要裝備也顯然出現一處凹痕。此外，機械臂末端的火星手持透鏡成像儀，部署時也必須特別小心，因為跡象顯示，成像儀的可開展式鏡頭蓋邊緣出現一粒碎石。到最後，除了一具感測器之外，其他一切安好。我們辛苦工作都有了回報：有一台運作正常的機器人上了火星。

好奇號啟程向格列內爾三相點前進時，幾道老問題隨之產生答案，同時也浮現新的問題。除了一片古老河床之外，那裡還有什麼？我們能不能發現蒸發鹽——湖泊乾涸留下的含鹽沉澱物？我們能不能找到先前被漫天塵埃遮掩，軌道儀器沒有看到的黏土層？單就這一週前往格列內爾沿途窺見的起伏地勢看來，最主要的或許就是火成岩，不過要明確斷言仍嫌稍早。我們見到有可能在熔岩冷卻時形成的繩狀結構和裂隙。在我們的科學討論過程，火山學家一直拿夏威夷模樣雜亂的熔岩流照片，來和好奇號的桅杆相機影像相提並論。熔岩在一處古代湖泊底部做什麼？由此我們聯想起二〇〇四年精神號的古瑟夫撞擊坑著陸位置。早先推估那裡應該是座湖泊，然而在頭一年，在那裡的發現卻是出自一處熔岩池的玄武岩。不過，蓋爾坑的歷史說不定比我們設想的還更複雜。有些人指稱，這些造型或許也包括只能在水底形成的枕狀熔岩。那裡可不可能曾經同時出現水和熔岩？

還有就適居性來講，這一切又代表什麼意義？有了好奇號，我們肯定能夠找出答案。

這片美麗卻荒無人煙的火星地貌，令人產生一種廢棄宅第的感受，看來那裡什麼都有，只缺居民。同一輪太陽昇起又復沉降，東方有一座大山，卵石在輪下嘎吱作響，輕柔和風日復一日吹動沙粒，然而那裡卻一個人都沒有，說不定有一天情況會有改變。

致謝

本書描述的冒險事蹟出自好幾千人的努力成果，這其中有許多人奉獻漫長時光，做出重大犧牲，投注全副心神在這些任務。這當中許多人都應該大受讚揚，絲毫不在我之下。單是在噴射推進實驗室那段開發期間，已經有超過三千人陸續投入好奇號漫遊車相關工作。就我的化學相機這部份，涉足的重要事項人員總共超過一百八十名。航太總署的每次重要任務遴選，都有超過一百位建議書審查人涉入其中，而且通常每個人都得投入好幾週。我衷心感謝促使這些任務成真的所有人士。

這裡要特別向這些任務的領導人致謝，包括：太空船和酬載的彼得・西斯辛吉（Pete Theisinger）、理查・庫克（Richard Cook）、切斯特・佐佐木希（Chet Sasaki）、唐・斯威南姆（Don Sweetnam）、傑夫・西蒙茲（Jeff Simmonds）和埃德・米勒，以及伯內特、斯托爾珀和葛羅辛格。他們都是能幹卻平易近人的領導人。就探索課題，我要感謝上帝創造這處奇妙的宇宙，隨著每趟新的任務，每過新的十年總是讓我們驚奇不已。見識五十年間的發現之後，我滿心期盼得知往後五十年，我們還可能遇上哪種殊遇，是新的物理維度、宇宙中的其他智慧生命，或者其他事物？我只知道，那肯定是始料未及的發現。

要感謝家人支持我投入太空探索冒險與動筆撰寫本書，我的太太沒有抱怨自己是「太空寡婦」，不過她確實可以這樣講。我很幸運，她始終一路伴我神遊，隨我當個冒險家。我的兒子在幼童軍和童子軍活動期間，比其他孩子更少見到自己的爸爸，我感謝他們讓我缺席去做自己的事情。當然，我也要感謝父母鼓勵我們離開小小的山湖城，進入科學大世界。就這方面而言，我的哥哥對我有特別的影響。

我也要謝謝洛斯阿拉莫斯國家實驗室的許多人士，感謝他們鼓勵我撰寫我們的冒險事蹟。

這本書不完全是我的作品，寫作期間動員許多編輯和書評，包括蘇珊・布朗克豪斯特（Susan Bronkhorst）、關恩和卡爾森・溫斯（Gwen and Carson Wiens）、桑德拉和瑪喬麗・奈特（Sandra and Marjorie Knight），最後還有幾位出版界人士，包括：費莉西亞・埃什（Felicia Eth）、提謝・高木一雄（Tisse Takagi）、桑德拉・貝里斯（Sandra Beris）、凱西・史崔克福（Kathy Streckfus）以及出版社其他人員，他們每個人都為這本書增加風采。

科學人文 ㊾

好奇號帶你上火星：從起源號到好奇號漫遊車太空探索記

Red Rover: inside the story of robotic space exploration, from Genesis to the Mars Rover Curiosity

作者—羅傑・溫斯（Roger Wiens）
譯者—蔡承志
主編—李筱婷
編輯—張啟淵
美術設計—林庭欣
執行企劃—林倩聿
董事長
發行人—孫思照
總經理—趙政岷
出版者—時報文化出版企業股份有限公司
10803台北市和平西路三段二四〇號四樓
發行專線—（〇二）二三〇六—六八四二
讀者服務專線—〇八〇〇—二三一—七〇五
（〇二）二三〇四—七一〇三
讀者服務傳真—（〇二）二三〇四—六八五八
郵撥—一九三四四七二四時報文化出版公司
信箱—台北郵政七九～九九信箱
時報悅讀網—http://www.readingtimes.com.tw
電子郵箱—history@readingtimes.com.tw
法律顧問—理律法律事務所 陳長文律師、李念祖律師
印刷—盈昌印刷有限公司
初版一刷—二〇一四年三月二十一日
定價—新台幣三二〇元
⊙行政院新聞局局版北市業字第八〇號

國家圖書館出版品預行編目（CIP）資料

好奇號帶你上火星：從起源號到好奇號漫遊車太空探索記 / 羅傑・溫斯（Roger Wiens）著；蔡承志譯. -- 初版. -- 臺北市：時報文化, 2014.03
面； 公分. --（科學人文；49）
譯自：Red rover : inside the story of robotic space exploration, from Genesis to the Mars Rover Curiosity
ISBN 978-957-13-5911-3（平裝）

1.太空飛行 2.火星 3.機器人

447.9 103002691

ISBN 978-957-13-5911-3
Printed in Taiwan